自组织增量学习神经网络

◆ 申富饶　著

電子工業出版社
Publishing House of Electronics Industry
北京 · BEIJING

内 容 简 介

本书介绍了自组织增量学习神经网络及其在人工智能领域的应用。神经网络是一种模拟生物神经系统的人工智能技术，具有强大的数据处理能力和学习能力。自组织增量学习神经网络是一种具有高度自组织结构和增量学习能力的神经网络。与传统机器学习方法相比，自组织增量学习神经网络有更强的灵活性和适应性，能够更好地适应动态环境和解决复杂的问题。自组织增量学习神经网络在多个领域有着广泛的应用，包括机器人智能系统、人脸识别、图像处理、场景理解、语音识别、姿势识别、股票预测等。使用自组织增量学习神经网络，这些应用能够实现更高效、更灵活的学习和决策能力。

本书适合人工智能领域的研究人员和高等院校计算机科学与技术、人工智能等专业研究生阅读。

图书在版编目（CIP）数据

自组织增量学习神经网络 / 申富饶著. —北京：电子工业出版社，2024.3
ISBN 978-7-121-47438-5

I. ①自… II. ①申… III. ①人工神经网络-高等学校-教材 IV. ①TP183

中国国家版本馆 CIP 数据核字(2024)第 050807 号

责任编辑：张 鑫
印　　刷：涿州市京南印刷厂
装　　订：涿州市京南印刷厂
出版发行：电子工业出版社
　　　　　北京市海淀区万寿路 173 信箱　　邮编：100036
开　　本：787×1092　1/16　　印张：10.5　字数：255 千字
版　　次：2024 年 3 月第 1 版
印　　次：2024 年 3 月第 1 次印刷
定　　价：49.00 元

凡所购买电子工业出版社图书有缺损问题，请向购买书店调换。若书店售缺，请与本社发行部联系，联系及邮购电话：（010）88254888，88258888。

质量投诉请发邮件至 zlts@phei.com.cn，盗版侵权举报请发邮件至 dbqq@phei.com.cn。

本书咨询联系方式：zhangx@phei.com.cn。

前　言

近年来，人工智能新技术飞速发展，在自然科学、社会科学的多个领域取得了巨大的成功。其中，神经网络发挥了巨大的作用，推动了人工智能领域的发展和创新。神经网络是一种强大而灵活的计算模型，它模拟生物神经系统，由大量的简单人工神经元相互连接而成，可以处理复杂的数据和任务。本书将介绍一类特别的神经网络模型——自组织增量学习神经网络（Self-Organizing Incremental Neural Network，SOINN），这一模型高度参照了人脑的学习模式，具有自组织、自学习、增量学习等智能特点。

目前主流的机器学习技术主要通过对给定数据集进行分析来设计学习模型和算法，并针对各类实际问题将模型或算法应用于真实世界当中。由于这种学习方法仅仅面向需要解决的实际问题，而不需要考虑之前已经学习过的知识及其他相关信息，因此这种学习模式是孤立、封闭的。然而，人类在学习的过程中能够综合利用所有已经学习过的知识，并将这些知识运用于解决新的问题和学习新的事物。因此，人类的学习不是封闭的孤立过程，而是增量的和开放式的。“增量的”是指人类能够不断地学习新知识，同时不会遗忘已经学习过的知识；“开放式的”是指人类能够利用已有知识来解决未知问题或学习未知事物，同时将从未知环境中学习到的新知识融入学习系统中从而强化自身的学习能力。另外，尽管传统的机器学习模型在面对某些特定实际问题时能够有着出色的发挥，但是经常具有很大的局限性。例如，在监督学习问题中往往需要大量有标记数据训练模型，同时也只能在有限指定类别之间进行分类，无法学习给定类别之外的数据；在无监督学习问题中，多数算法则需要预先设定一系列参数，如聚类的个数等，对于分布随时间变化的数据往往无法有效地在线拟合数据分布。而在实际生产生活中，特别是人工智能领域，人们往往需要具有增量学习能力的机器学习算法，从而让机器像人一样更好地适应动态环境。一个典型的示例就是智能机器人控制系统：我们希望机器人具有独立思考的能力，能够从自我观察中不断地自主学习，同时仅需要少量简单的指导就能学习到新的事物，从而越学越聪明。

自组织增量学习神经网络面向上述学习模式，是在自组织竞争学习的基础上拓扑表示学习及增量学习等概念而诞生的神经网络模型。不同于前馈神经网络基于损失函数的反向传播来训练，竞争学习策略依靠神经元之间互相竞争逐步优化网络。SOINN 使用近邻关系函数来维持空间中神经元之间的距离和邻近关系，即拓扑关系，而这个过程是自动完成的，其特点与人脑的自组织特性类似。SOINN 能够对数据进行增量的无监督学习，并且衍生出了 Enhanced SOINN、Adjusted SOINN、Local Distribution SOINN 等模型，在监督学习、半监督学习、无监督学习等领域解决了多个涉及增量学习的问题，并在机器人智能系统、人脸识别、图像处理、场景理解、语音识别、姿势识别、股票预测等应用领域取得了良好的效果。SOINN 及其衍生模型被学术界认为是解决数据不稳定分布、增量学习、聚类等问题的重要研究成果。

本书是一部系统性介绍自组织增量学习神经网络及其相关研究的专著，是作者和南京大学机器人智能与神经计算研究组多年来围绕 SOINN 的相关研究成果的总结。研究组成员徐百乐、韩峰、刘小亮、张天玥、高钟烨、安俊逸、严元杰、梅鸿远、邵玥在本书的写作过程中做出了重要贡献。

本书适合人工智能领域的研究人员及具有一定编程和数学基础的读者阅读，也可作为高等院校计算机科学与技术、人工智能等专业研究生的参考书。

由于作者水平有限，书中错误与疏漏之处在所难免，敬请读者与同行专家批评指正。

申富饶

2023 年 10 月

符 号 表

符号	含义
x	标量
$\boldsymbol{x}$	向量
$\boldsymbol{X}$	矩阵
$\boldsymbol{I}$	单位矩阵
x_i, $[\boldsymbol{x}]_i$	向量 $\boldsymbol{x}$ 的第 i 个元素
x_{ij}, $[\boldsymbol{X}]_{ij}$	矩阵 $\boldsymbol{X}$ 的第 i 行第 j 列的元素
$(\cdot)^{\mathrm{T}}$	向量或矩阵的转置
$\langle \boldsymbol{x}, \boldsymbol{y} \rangle$	向量 $\boldsymbol{x}$ 和 $\boldsymbol{y}$ 的点积
$\boldsymbol{X}^{-1}$	矩阵的逆
$\mathcal{X}$	集合
$\mathbb{Z}$	整数集合
$\mathbb{R}$	实数集合
$\mathbb{R}^n$	n 维实数向量集合
$\mathbb{R}^{a \times b}$	包含 a 行和 b 列的实数矩阵集合
$\mathcal{A} \cup \mathcal{B}$	集合 $\mathcal{A}$ 和 $\mathcal{B}$ 的并集
$\mathcal{A} \cap \mathcal{B}$	集合 $\mathcal{A}$ 和 $\mathcal{B}$ 的交集
$\mathcal{A} \setminus \mathcal{B}$	集合 $\mathcal{A}$ 与集合 $\mathcal{B}$ 相减，$\mathcal{B}$ 关于 $\mathcal{A}$ 的相对补集
$f(\cdot)$	函数
$\log(\cdot)$	对数（本书中不区分底）
$\exp(\cdot)$	指数函数
$\mathbf{1}_{\mathcal{X}}$	指示函数
$\odot$	按元素相乘
$[\cdot, \cdot]$	连接
$\lvert\mathcal{X}\rvert$	集合的基数
$\lVert \cdot \rVert_p$	L_p 正则, p-范数
$\lVert \cdot \rVert$	L_2 正则，2-范数
$\sum$	连加
$\prod$	连乘
$\stackrel{\mathrm{def}}{=}$	定义
$\dfrac{\mathrm{d}y}{\mathrm{d}x}$	y 关于 x 的导数
$\dfrac{\partial y}{\partial x}$	y 关于 x 的偏导数
$\nabla_{\boldsymbol{x}} y$	y 关于 $\boldsymbol{x}$ 的梯度

续表

符号	含义
$\int_a^b f(x)\,\mathrm{d}x$	f 在 a 到 b 区间上关于 x 的定积分
$\int f(x)\,\mathrm{d}x$	f 关于 x 的不定积分
$P(\cdot)$	概率分布
$z \sim P$	随机变量 z 具有概率分布
$P(X \mid Y)$	$X \mid Y$ 的条件概率
$p(x)$	概率密度函数
$E(X)$	随机变量 X 的数学期望
$E_x[f(x)]$	函数 f 对 x 的数学期望
$X \perp Y$	随机变量 X 和 Y 是独立的
$X \perp Y \mid Z$	随机变量 X 和 Y 在给定随机变量 Z 的条件下是独立的
$D(X)$	随机变量 X 的方差
σ_X	随机变量 X 的标准差
$\mathrm{Cov}(X,Y)$, σ_{XY}	随机变量 X 和 Y 的协方差
$\rho(X,Y)$, ρ_{XY}	随机变量 X 和 Y 的相关性
$H(X)$	随机变量 X 的熵
$D_{\mathrm{KL}}(P\|Q)$, $\mathrm{KL}(P,Q)$	P 和 Q 的 KL 散度
$D_{\mathrm{JS}}(P\|Q)$, $\mathrm{JS}(P,Q)$	P 和 Q 的 JS 散度
$D_{\mathrm{CE}}(P\|Q)$, $\mathrm{CE}(P,Q)$	P 和 Q 的交叉熵
$\mathcal{O}$	大写 O 标记

目　录

第1章

数 学 基 础

神经网络通过人工神经元构建模拟人脑的计算模型，已经在计算机视觉、自然语言处理、语音识别等领域取得了巨大的成功。神经网络的基础是数学，主要包括线性代数、概率论和信息论等核心内容。线性代数包括向量、矩阵、特征值和特征向量等概念，可以用于描述神经网络中神经元之间的连接关系和权值等参数，是人工神经元的运算基础。概率论和信息论则是神经网络的理论基础，可以用于描述神经网络中的不确定性和信息量，并提供了很多重要的概念和算法，如概率分布、信息熵、KL 散度和交叉熵等。在神经网络中，这些数学知识被广泛应用于描述和优化神经网络的结构与参数，从而实现了对数据的分类、识别、预测等功能。因此，神经网络的数学基础是深度学习和人工智能领域的必备知识，了解这些也是进一步探索神经网络和深度学习的前提。

在本章中，我们将介绍神经网络的数学基础，以帮助读者深入理解神经网络的本质和实现方法。

1.1 线性代数基础

在神经网络中，线性代数是非常基础和重要的数学知识，涉及向量、矩阵、特征值和特征向量等概念。神经网络中的很多计算都基于线性代数，因此了解线性代数的基本概念和运算对深入理解神经网络至关重要。

在线性代数中，矩阵是最基本的概念之一，它是一个由数值按照一定规律排列成的矩形阵列。在神经网络中，矩阵乘法是一个重要的运算，用于描述神经元之间的连接关系和权值。同时，向量也是非常重要的概念，它被广泛用于描述神经网络中的输入和输出等。

特征值和特征向量也是线性代数中的重要概念，用于描述矩阵的本质特征和变化规律。在神经网络中，特征值和特征向量用于描述神经网络的权值矩阵的本质特征与变化规律，从而帮助我们更好地理解神经网络的运作机制。

下面介绍神经网络应用中常见的线性代数基础，包括向量的数乘、矩阵的乘、特征值和特征向量等概念。

1.1.1 向量基础

标量，也称“无向量”，即没有方向只有大小的量，可以是实数或复数，通常使用小写字母来表示，例如，$x \in \mathbb{R}$ 是一个属于实数集的标量。

向量，即包含方向和大小的量。手写体中我们通常使用字母上加一个向右的小箭头来表示向量，如 $\vec{x}$。而印刷体中通常使用黑体（或粗体）字母来表示向量，例如，$\boldsymbol{x} \in \mathbb{R}^d$ 是一个由 d 个有次序的实数构成的向量。

定义 1.1（向量） 将 n 个有次序的数排成一行，称为 n 维行向量；将 n 个有次序的数排成一列，称为 n 维列向量。

例如，

$$\boldsymbol{x} = [x_1, x_2, \cdots, x_n], \quad \boldsymbol{y} = \begin{bmatrix} y_1 \\ y_2 \\ \vdots \\ y_n \end{bmatrix} \tag{1.1}$$

向量 $\boldsymbol{x}$ 为一个 n 维行向量，向量 $\boldsymbol{y}$ 为一个 n 维列向量。通常也把列向量使用转置的方式来表示，即

$$\boldsymbol{y} = [y_1, y_2, \cdots, y_n]^{\mathrm{T}} \tag{1.2}$$

向量的基本运算包含加减、数乘和内积。向量的加（减）法，只能在两个相同维数的同型向量下进行。

定义 1.2（向量的加减） 假设存在两个同型的向量 $\boldsymbol{x} = [x_1, x_2, \cdots, x_n]^{\mathrm{T}}$ 和 $\boldsymbol{y} = [y_1, y_2, \cdots, y_n]^{\mathrm{T}}$，则两个向量的加（减）定义为

$$\boldsymbol{x} \pm \boldsymbol{y} = [x_1 \pm y_1, x_2 \pm y_2, \cdots, x_n \pm y_n]^{\mathrm{T}} \tag{1.3}$$

定义 1.3（向量的数乘） 假设存在一个实数 c 和一个向量 $\boldsymbol{x} = [x_1, x_2, \cdots, x_n]^{\mathrm{T}}$，则向量的数乘定义为

$$c\boldsymbol{x} = [cx_1, cx_2, \cdots, cx_n]^{\mathrm{T}} \tag{1.4}$$

定义 1.4（向量的内积） 假设存在两个同型的向量 $\boldsymbol{x} = [x_1, x_2, \cdots, x_n]^{\mathrm{T}}$ 和 $\boldsymbol{y} = [y_1, y_2, \cdots, y_n]^{\mathrm{T}}$，则向量的内积定义为

$$\boldsymbol{x} \cdot \boldsymbol{y} = x_1 \times y_1 + x_2 \times y_2 + \cdots + x_n \times y_n \tag{1.5}$$

通常，也把两个 n 维列向量的内积记为 $\boldsymbol{x}^{\mathrm{T}}\boldsymbol{y}$，即

$$\boldsymbol{x}^{\mathrm{T}}\boldsymbol{y}=\sum_{i=1}^{n}x_iy_i \tag{1.6}$$

向量的内积，也称为点积。向量的内积存在以下常见的运算规律：

$$\begin{aligned}&\boldsymbol{x}\cdot\boldsymbol{y}=\boldsymbol{y}\cdot\boldsymbol{x}\\&(c\boldsymbol{x})\cdot\boldsymbol{y}=c(\boldsymbol{x}\cdot\boldsymbol{y})\\&(\boldsymbol{x}+\boldsymbol{y})\cdot\boldsymbol{c}=\boldsymbol{x}\cdot\boldsymbol{c}+\boldsymbol{y}\cdot\boldsymbol{c}\end{aligned} \tag{1.7}$$

定义 1.5（向量的模） 假设存在向量 $\boldsymbol{x}=[x_1,x_2,\cdots,x_n]^{\mathrm{T}}$，则向量的模定义为

$$\|\boldsymbol{x}\|=\sqrt{\boldsymbol{x}\cdot\boldsymbol{x}}=\sqrt{x_1^2+x_2^2+\cdots+x_n^2} \tag{1.8}$$

向量的模，即向量的长度。当 $\|\boldsymbol{x}\|=1$ 时，我们称向量 $\boldsymbol{x}$ 为单位向量。通常，使用单位向量来指示向量的方向。

向量的模具有非负性、齐次性和三角不等式性，即

- 非负性：$\|\boldsymbol{x}\|\geqslant 0$；
- 齐次性：$\|\lambda\boldsymbol{x}\|=|\lambda|\|\boldsymbol{x}\|$；
- 三角不等式性：$\|\boldsymbol{x}+\boldsymbol{y}\|\leqslant\|\boldsymbol{x}\|+\|\boldsymbol{y}\|$。

定义 1.6（向量组） 由若干同维度同型的向量组成的集合，称为向量组，例如，由 m 个 n 维列向量 $\boldsymbol{x}_1,\boldsymbol{x}_2,\cdots,\boldsymbol{x}_m$ 组成向量组 $\boldsymbol{X}:\boldsymbol{x}_1,\boldsymbol{x}_2,\cdots,\boldsymbol{x}_m$。

定义 1.7（向量组的线性组合） 给定向量组 $\boldsymbol{X}:\boldsymbol{x}_1,\boldsymbol{x}_2,\cdots,\boldsymbol{x}_m$ 和向量 $\boldsymbol{y}$。如果存在一组数 $\lambda_1,\lambda_2,\cdots,\lambda_m$，使得

$$\boldsymbol{y}=\lambda_1\boldsymbol{x}_1+\lambda_2\boldsymbol{x}_2+\cdots+\lambda_m\boldsymbol{x}_m \tag{1.9}$$

则称向量 $\boldsymbol{y}$ 是向量组 $\boldsymbol{X}$ 的一个线性组成，或称向量 $\boldsymbol{y}$ 可由向量组 $\boldsymbol{X}$ 线性表示。

定义 1.8（向量组的线性相关性） 给定向量组 $\boldsymbol{X}:\boldsymbol{x}_1,\boldsymbol{x}_2,\cdots,\boldsymbol{x}_m$，如果存在不全为零的一组数 $\lambda_1,\lambda_2,\cdots,\lambda_m$，使得

$$\lambda_1\boldsymbol{x}_1+\lambda_2\boldsymbol{x}_2+\cdots+\lambda_m\boldsymbol{x}_m=\boldsymbol{0} \tag{1.10}$$

则称向量组 $\boldsymbol{X}$ 是线性相关的；否则称它是线性无关的。

定义 1.9（极大线性无关组） 假设向量组 $\boldsymbol{X}$ 中 s 个向量 $\boldsymbol{x}_1,\boldsymbol{x}_2,\cdots,\boldsymbol{x}_s$ 是线性无关的，但是任意 $s+1$ 个向量都是线性相关的，则称 $\boldsymbol{x}_1,\boldsymbol{x}_2,\cdots,\boldsymbol{x}_s$ 是向量组 $\boldsymbol{X}$ 的一个极大线性无关组。同时，极大线性无关组所含向量的个数 s 称为该向量组的秩。

1.1.2 矩阵基础

标量是一个只有大小的“数”，向量是一组有次序的“数”。矩阵则可以看成一组向量的组合。

定义 1.10（矩阵） 由 $m \times n$ 个数 x_{ij}，其中 $i = 1, 2, \cdots, m$，$j = 1, 2, \cdots, n$，组成的 m 行 n 列的数表，称为 m 行 n 列矩阵，简称 $m \times n$ 阶矩阵，记为

$$\boldsymbol{X} = \begin{bmatrix} x_{11} & x_{12} & \cdots & x_{1n} \\ x_{21} & x_{22} & \cdots & x_{2n} \\ \vdots & \vdots & x_{ij} & \vdots \\ x_{m1} & x_{m2} & \cdots & x_{mn} \end{bmatrix} \tag{1.11}$$

也记为 $\boldsymbol{X}_{m\times n}$。其中 x_{ij} 表示矩阵 $\boldsymbol{X}$ 的第 i 行第 j 列的元素。

矩阵的基本运算包括加减、数乘、乘。与向量的加减法一样，矩阵的加减法只有在同型的矩阵下才可以运算。

定义 1.11（矩阵的加减） 假设有两个 $m \times n$ 矩阵 $\boldsymbol{X} = (x_{ij})_{m\times n}$ 和 $\boldsymbol{Y} = (y_{ij})_{m\times n}$，那么矩阵 $\boldsymbol{X}$ 和 $\boldsymbol{Y}$ 的和（差）记为 $\boldsymbol{A} \pm \boldsymbol{B}$，则

$$\boldsymbol{X} \pm \boldsymbol{Y} = \begin{bmatrix} x_{11} \pm y_{11} & x_{12} \pm y_{12} & \cdots & x_{1n} \pm y_{1n} \\ x_{21} \pm y_{21} & x_{22} \pm y_{22} & \cdots & x_{2n} \pm y_{2n} \\ \vdots & \vdots & & \vdots \\ x_{m1} \pm y_{m1} & x_{m2} \pm y_{m2} & \cdots & x_{mn} \pm y_{mn} \end{bmatrix} \tag{1.12}$$

矩阵的加减法满足交换律和结合律，如

$$\begin{aligned} &\boldsymbol{X}_{m\times n} + \boldsymbol{Y}_{m\times n} = \boldsymbol{Y}_{m\times n} + \boldsymbol{X}_{m\times n} \\ &(\boldsymbol{X}_{m\times n} + \boldsymbol{Y}_{m\times n}) + \boldsymbol{Z}_{m\times n} = \boldsymbol{X}_{m\times n} + (\boldsymbol{Y}_{m\times n} + \boldsymbol{Z}_{m\times n}) \end{aligned} \tag{1.13}$$

定义 1.12（矩阵的数乘） 假设 c 为一个实数，$\boldsymbol{X} = (x_{ij})_{m\times n}$ 为一个 $m \times n$ 阶矩阵，则矩阵的数乘运算为

$$c\boldsymbol{X} = \boldsymbol{X}c = \begin{bmatrix} cx_{11} & cx_{12} & \cdots & cx_{1n} \\ cx_{21} & cx_{22} & \cdots & cx_{2n} \\ \vdots & \vdots & & \vdots \\ cx_{m1} & cx_{m2} & \cdots & cx_{mn} \end{bmatrix} \tag{1.14}$$

矩阵的数乘运算满足以下常见规律：

$$
\begin{aligned}
&(ab)\boldsymbol{X} = a(b\boldsymbol{X}) \\
&(a+b)\boldsymbol{X} = a\boldsymbol{X} + b\boldsymbol{X} \\
&c(\boldsymbol{X}+\boldsymbol{Y}) = c\boldsymbol{X} + c\boldsymbol{Y}
\end{aligned}
\tag{1.15}
$$

两个矩阵的乘法运算，只有在第一个的列数和第二个的行数相同时才可以运算。

定义 1.13（矩阵的乘）　假设 $\boldsymbol{X}$ 是一个 $m \times p$ 的矩阵，$\boldsymbol{Y}$ 是一个 $p \times n$ 的矩阵，规定矩阵 $\boldsymbol{X}$ 与矩阵 $\boldsymbol{Y}$ 的乘积是 $m \times n$ 的矩阵 $\boldsymbol{Z}$，则

$$
\begin{aligned}
&\boldsymbol{Z} = \boldsymbol{XY} = (z_{ij})_{m\times n} \\
&z_{ij} = \sum_{k=1}^{p} x_{ik} y_{kj}
\end{aligned}
\tag{1.16}
$$

矩阵的乘法不满足交换律，但满足结合律和分配律，以下是常见的矩阵乘法运算规律：

$$
\begin{aligned}
&(\boldsymbol{XY})\boldsymbol{Z} = \boldsymbol{X}(\boldsymbol{YZ}) \\
&\boldsymbol{X}(\boldsymbol{Y}+\boldsymbol{Z}) = \boldsymbol{XY} + \boldsymbol{XZ} \\
&c\boldsymbol{XY} = (c\boldsymbol{X})\boldsymbol{Y} = \boldsymbol{X}(c\boldsymbol{Y})
\end{aligned}
\tag{1.17}
$$

定义 1.14（矩阵的转置）　把矩阵 $\boldsymbol{X}$ 的行与列互换所产生的矩阵称为 $\boldsymbol{X}$ 的转置矩阵，记为 X^{T}，该运算定义为矩阵的转置运算。

矩阵转置运算满足以下常见规律：

$$
\begin{aligned}
&(\boldsymbol{X}^{\mathrm{T}})^{\mathrm{T}} = \boldsymbol{X} \\
&(\boldsymbol{X}+\boldsymbol{Y})^{\mathrm{T}} = \boldsymbol{X}^{\mathrm{T}} + \boldsymbol{Y}^{\mathrm{T}} \\
&(c\boldsymbol{X})^{\mathrm{T}} = c\boldsymbol{X}^{\mathrm{T}} \\
&(\boldsymbol{XY})^{\mathrm{T}} = \boldsymbol{Y}^{\mathrm{T}}\boldsymbol{X}^{\mathrm{T}}
\end{aligned}
\tag{1.18}
$$

定义 1.15（矩阵的秩）　矩阵 $\boldsymbol{X}$ 的行向量组成的向量组的秩称为矩阵 $\boldsymbol{X}$ 的行秩，矩阵 $\boldsymbol{X}$ 的列向量组成的向量组的秩称为矩阵 $\boldsymbol{X}$ 的列秩，且矩阵 $\boldsymbol{X}$ 的秩等于其行秩，也等于其列秩。

定义 1.16（方阵的幂） 称有相同数量行和列的矩阵 $\boldsymbol{X}_{n\times n}$ 为 n 阶方阵 $\boldsymbol{X}$，则 n 阶方阵 $\boldsymbol{X}$ 的 k 次幂为

$$\boldsymbol{X}^k = \underbrace{\boldsymbol{X}\boldsymbol{X}\cdots\boldsymbol{X}}_{k\text{次}} \tag{1.19}$$

定义 1.17（方阵的逆） 对于 n 阶方阵 $\boldsymbol{X}$，如果存在一个 n 阶方阵 $\boldsymbol{Y}$，使得 $\boldsymbol{X}\boldsymbol{Y}=\boldsymbol{Y}\boldsymbol{X}=\boldsymbol{E}$，其中 $\boldsymbol{E}$ 为 n 阶单位阵，则称 $\boldsymbol{X}$ 可逆，且矩阵 $\boldsymbol{Y}$ 与矩阵 $\boldsymbol{X}$ 互为逆矩阵。通常记矩阵 $\boldsymbol{X}$ 的逆矩阵为 $\boldsymbol{X}^{-1}$。

方阵的逆运算满足以下常见规律：

$$\begin{aligned}
&(\boldsymbol{X}^{-1})^{-1} = \boldsymbol{A}\\
&(\boldsymbol{X}^{\mathrm{T}})^{-1} = (\boldsymbol{X}^{-1})^{\mathrm{T}}\\
&(c\boldsymbol{X})^{-1} = \frac{1}{c}\boldsymbol{X}^{-1}，\text{其中 } c \neq 0\\
&(\boldsymbol{X}\boldsymbol{Y})^{-1} = \boldsymbol{Y}^{-1}\boldsymbol{X}^{-1}
\end{aligned} \tag{1.20}$$

1.1.3 特征值和特征向量

定义 1.18（特征值和特征向量） 设 $\boldsymbol{A}$ 是 n 阶方阵，如果存在一个 n 维非零向量 $\boldsymbol{x}$ 和一个标量 λ，使得

$$\boldsymbol{A}\boldsymbol{x} = \lambda\boldsymbol{x} \tag{1.21}$$

则称 λ 是 $\boldsymbol{A}$ 的特征值，$\boldsymbol{x}$ 是 $\boldsymbol{A}$ 对应于特征值 λ 的特征向量。

$\boldsymbol{A}\boldsymbol{x}=\lambda\boldsymbol{x}$ 也可以写成 $(\boldsymbol{A}-\lambda\boldsymbol{E})\boldsymbol{x}=0$。方程组 $(\boldsymbol{A}-\lambda\boldsymbol{E})\boldsymbol{x}=0$ 有非零解的充要条件是系数行列式 $|\boldsymbol{A}-\lambda\boldsymbol{E}|=0$。$|\boldsymbol{A}-\lambda\boldsymbol{E}|=0$ 可以看成以 λ 为未知数的一元 n 次方程，也称为矩阵 $\boldsymbol{A}$ 的特征方程。而 λ 的 n 次多项式 $|\boldsymbol{A}-\lambda\boldsymbol{E}|$ 称为矩阵 $\boldsymbol{A}$ 的特征多项式，记为 $f(\lambda)$。显然，矩阵 $\boldsymbol{A}$ 特征方程的解就是矩阵 $\boldsymbol{A}$ 的特征值。我们把解得的特征值代入齐次线性方程组 $(\boldsymbol{A}-\lambda\boldsymbol{E})\boldsymbol{x}=0$ 就可以求得对应的非零特征向量。我们总结求解一个方阵 $\boldsymbol{A}$ 的特征值和特征向量的步骤如下：

- 构建特征方程 $|\boldsymbol{A}-\lambda\boldsymbol{E}|=0$；
- 求解特征方程 $|\boldsymbol{A}-\lambda\boldsymbol{E}|=0$ 的根，即求解特征值 λ；
- 把求解得的特征值 λ 代入齐次线性方程组 $(\boldsymbol{A}-\lambda\boldsymbol{E})\boldsymbol{x}=0$，求得对应的非零特征向量。

特征值存在以下性质：

- 如果存在 n 阶方阵 $\boldsymbol{A}=(a_{ij})$ 的所有特征根 $\lambda_1,\lambda_2,\cdots,\lambda_n$（包括重根），则

$$
\begin{aligned}
&\lambda_1+\lambda_2+\cdots+\lambda_n=\sum_{i=1}^{n}a_{ii}\\
&\lambda_1\lambda_2\cdots\lambda_n=|\boldsymbol{A}|
\end{aligned}
\tag{1.22}
$$

- 如果 λ 是可逆矩阵 $\boldsymbol{A}$ 的特征值，$\boldsymbol{x}$ 是对应的特征向量，则 λ^{-1} 是 $\boldsymbol{A}^{-1}$ 的特征值，$\boldsymbol{x}$ 仍是对应的特征向量。
- 如果 λ 是方阵 $\boldsymbol{A}$ 的特征值，$\boldsymbol{x}$ 是对应的特征向量，则 λ^m 是 $\boldsymbol{A}^m$ 的特征值，$\boldsymbol{x}$ 仍是对应的特征向量。
- 如果 $\lambda_1,\lambda_2,\cdots,\lambda_m$ 是方阵 $\boldsymbol{A}$ 的互不相同的特征值，$\boldsymbol{x}_i$ 是属于 λ_i 的特征向量，其中 $i=1,2,\cdots,m$，则向量组 $\boldsymbol{x}_1,\boldsymbol{x}_2,\cdots,\boldsymbol{x}_m$ 线性无关。

定义 1.19（特征空间） 一个特征值所对应的所有特征向量所组成的空间，称为特征空间。

1.1.4 特征值分解和奇异值分解

定义 1.20（特征值分解） 如果存在一个可对角化的 n 阶方阵 $\boldsymbol{A}$，且存在 n 个线性无关的特征向量 $\boldsymbol{q}_1,\boldsymbol{q}_2,\cdots,\boldsymbol{q}_n$，对应的特征值 $\lambda_1,\lambda_2,\cdots,\lambda_n$，则 $\boldsymbol{A}$ 可进行特征值分解，即

$$
\boldsymbol{A}=\boldsymbol{Q}\boldsymbol{\Lambda}\boldsymbol{Q}^{-1} \tag{1.23}
$$

其中 $\boldsymbol{Q}=[\boldsymbol{q}_1,\boldsymbol{q}_2,\cdots,\boldsymbol{q}_n]$，$\boldsymbol{\Lambda}$ 是由特征值 $\lambda_1,\lambda_2,\cdots,\lambda_n$ 构成的对角阵。

由特征值和特征向量的定义，很容易证明特征值分解。由特征值和特征向量的定义得 $\boldsymbol{A}\boldsymbol{q}_i=\lambda\boldsymbol{q}_i$，则 $\boldsymbol{A}\boldsymbol{Q}=\boldsymbol{Q}\boldsymbol{\Lambda}$ 两边乘 $\boldsymbol{Q}^{-1}$ 得 $\boldsymbol{A}=\boldsymbol{Q}\boldsymbol{\Lambda}\boldsymbol{Q}^{-1}$。

特征值分解是一个简单有效的提取矩阵特征的方法，但它前提是可对角化的方阵。特别是方阵，在现实中更多的数据对应的矩阵都不是方阵。例如，有 100 个学生和 10 科成绩，构成的是 100×10 学生–成绩的矩阵。所以相对于特征值分解，我们用的更多的是奇异值分解（SVD）。奇异值分解对于所有实数矩阵都可以进行。以下我们只讨论实数矩阵的奇异值和奇异值分解。

定义 1.21（奇异值） 给定一个 $m\times n$ 阶矩阵 $\boldsymbol{A}$，如果存在一个数 σ、一个 m 维单位向量 $\boldsymbol{u}$ 和一个 n 单位向量 $\boldsymbol{v}$，使得

$$
\boldsymbol{A}\boldsymbol{v}=\sigma\boldsymbol{u}\ \text{且}\ \boldsymbol{A}^{\mathrm{T}}\boldsymbol{u}=\sigma\boldsymbol{v} \tag{1.24}
$$

则称 σ 是矩阵 $\boldsymbol{A}$ 的奇异值，$\boldsymbol{u}$ 和 $\boldsymbol{v}$ 分别为对应的左和右奇异向量。

我们可以通过求对称矩阵 $\boldsymbol{A}\boldsymbol{A}^{\mathrm{T}}$ 或 $\boldsymbol{A}^{\mathrm{T}}\boldsymbol{A}$ 的特征值的平方根来获得奇异值。

定义 1.22（奇异值分解） 给定一个 $m \times n$ 阶矩阵 $\boldsymbol{A}$，则 $\boldsymbol{A}$ 可进行奇异值分解，即

$$\boldsymbol{A} = \boldsymbol{U}_{m\times m}\boldsymbol{\Sigma}_{m\times n}\boldsymbol{V}_{n\times n}^{\mathrm{T}} \tag{1.25}$$

其中 $\boldsymbol{U}_{m\times m}$ 为 $\boldsymbol{A}$ 的左奇异矩阵，可由 $\boldsymbol{A}\boldsymbol{A}^{\mathrm{T}}$ 的单位特征向量组成；$\boldsymbol{V}_{n\times n}$ 为 $\boldsymbol{A}$ 的右奇异矩阵，可由 $\boldsymbol{A}^{\mathrm{T}}\boldsymbol{A}$ 的单位特征向量组成；$\boldsymbol{\Sigma}_{m\times n}$ 为由 $\boldsymbol{A}$ 的奇异值所构成的奇异值矩阵。

我们可以采用以下的方式进行奇异值分解：

- 计算矩阵 $\boldsymbol{A}\boldsymbol{A}^{\mathrm{T}}$；
- 计算矩阵 $\boldsymbol{A}\boldsymbol{A}^{\mathrm{T}}$ 的特征值和对应的标准正交特征向量；
- 通过上面的特征值的平方根计算出奇异值构建对角矩阵 $\boldsymbol{\Sigma}$，通过对应的标准正交特征向量构建左奇异矩阵 $\boldsymbol{U}$；
- 使用如下公式求右奇异矩阵 $\boldsymbol{V}$：

$$\boldsymbol{V}^{\mathrm{T}} = (\boldsymbol{U}\boldsymbol{\Sigma})^{-1}\boldsymbol{A} = \boldsymbol{\Sigma}^{-1}\boldsymbol{U}^{-1}\boldsymbol{A} = \boldsymbol{\Sigma}^{-1}\boldsymbol{U}^{\mathrm{T}}\boldsymbol{A} \tag{1.26}$$

1.2 概率统计基础

概率论是神经网络数学基础中的另一个重要分支，用于描述随机事件的可能性。在神经网络中，概率论被广泛应用于描述随机变量和随机过程，如神经元之间的权值和偏置等。在神经网络的训练中，概率论被用于描述损失函数、误差和梯度等，为网络的优化提供理论基础。本节将重点介绍概率分布、期望、方差、最大似然估计和贝叶斯公式等基本概念。

1.2.1 基础概念

1. 排列数与组合数

排列数：从 m 个不同元素中取出 n（$n \leqslant m$）个元素排成一列并考虑元素取出的先后顺序，称为从 m 个元素中取出 n 个元素的一个排列；排列的总数称为从 m 个不同元素中取出 n 个元素的排列数，记作 $\mathrm{A}(m,n)$ 或 A_m^n，有

$$\mathrm{A}(m,n) = \mathrm{A}_m^n = \frac{m!}{(m-n)!} \tag{1.27}$$

组合数：从 m 个不同元素中任取 n（$n \leqslant m$）个元素并成一组，称为从 m 个元素中取出 n 个元素的一个组合；组合的总数称为从 m 个不同元素中取出 n 个元素的组合数，记作 $\mathrm{C}(m,n)$ 或 C_m^n，有

$$\mathrm{C}(m,n) = \mathrm{C}_m^n = \frac{m!}{(m-n)!\cdot n!} \tag{1.28}$$

2. 随机试验、样本空间和随机事件

随机试验：在相同的条件下对某随机现象进行多次重复的试验，如果试验满足以下 3 条特征，我们则称之为随机试验。

（1）可以在相同条件下重复试验。

（2）每个试验的可能结果不止一个，但知道试验的全部可能结果。

（3）重复试验的结果是以随机方式或偶然方式出现的。

样本空间：随机试验中每一种可能出现的结果称为一个样本点，记作 ω，所有样本点组成的集合称为此次随机试验的样本空间，样本空间又称基本事件空间，记作 Ω，即 $\Omega=\{\omega_1,\omega_2,\cdots,\omega_n\}$。例如，抛一枚硬币的样本空间 $\Omega=\{$正面, 反面$\}$；抛一颗骰子的样本空间 $\Omega=\{1,2,3,4,5,6\}$。

随机事件：样本空间的子集就是随机事件，简称事件，一般使用大写字母表示，如 $A,B,C,\cdots$。仅含一个样本点的随机事件称为基本事件，含有多个样本点的随机事件称为复合事件。例如，抛硬币结果为正面的事件是一个基本事件，$A=\{$正面$\}$；抛一颗骰子，骰子数大于 3 的事件是一个复合事件，$B=\{4,5,6\}$。

3. 随机事件间的关系与运算规律

必然事件：包含所有样本点的事件，记作 Ω。样本空间 Ω 也是其自身的一个子集，每次试验中必定有样本空间 Ω 中的一个样本点出现，事件 Ω 必然发生。

空事件：不包含任何样本点的事件，也称为不可能事件，记作 $\varPhi$。显然，空事件 $\varPhi$ 也是样本空间的一个子集且事件 $\varPhi$ 不可能发生。

子事件：事件 A 发生必然导致事件 B 发生，事件 A 的样本点都是事件 B 的样本点，则称事件 A 是事件 B 的子事件，记作 $A\subset B$。

相等事件：如果事件 A 与事件 B 含有相同的样本点，则称 A 和 B 为相等事件，记作 $A=B$，即 $A\subset B$ 且 $B\subset A$。

和（并）事件：由事件 A 与事件 B 所有样本点组成的事件，称为事件 A 和事件 B 的和事件或并事件，记作 $A\cup B$。事件 A 与事件 B 的和事件发生，即事件 A 与事件 B 至少有一个发生。

积（交）事件：由事件 A 与事件 B 的公共样本点组成的事件，称为事件 A 和事件 B 的积事件或交事件，记作 $A\cap B$ 或 AB。事件 A 和事件 B 的积事件发生，即事件 A 和事件 B 同时发生。

差事件：由属于事件 A 但不属于事件 B 的样本点组成的事件，称为事件 A 和事件 B 的差事件，记作 $A-B$。事件 A 和事件 B 的差事件发生，即事件 A 发生且事件 B 不发生。

对立事件：由不属于事件 A 的样本点组成的事件，称为事件 A 的对立事件，记作 $\bar{A}$。事件 A 的对立事件发生，即事件 A 不发生。

互斥事件：事件 A 与事件 B 没有公共的样本点，即事件 A 与事件 B 不能同时发生，则称事件 A 与事件 B 为互斥事件，即 $AB = \Phi$。

以下是事件间常见的运算规律。

- 交换律：$A \cup B = B \cup A$，$AB = BA$。
- 结合律：$(A \cup B) \cup C = A \cup (B \cup C)$，$(AB)C = A(BC)$。
- 分配律：$(A \cup B)C = (AC) \cup (BC)$，$(AB) \cup C = (A \cup C)(B \cup C)$。
- 摩根律：$\overline{A \cup B} = \bar{A}\bar{B}$，$\overline{AB} = \bar{A} \cup \bar{B}$。

1.2.2 概率

1. 概率的定义

随机事件的概率，反映了随机事件出现的可能性大小。概率的公理化定义如下。

定义 1.23（概率） 假设 Ω 为样本空间，A 为事件，对每一个事件 A 都有一个实数 $P(A)$，若满足以下 3 个条件：

（1）$0 \leqslant P(A) \leqslant 1$；

（2）$P(\Omega) = 1$；

（3）对两两互不相容的事件 $A_1, A_2, A_3, \cdots$，有 $P\left(\bigcup\limits_{i=1}^{\infty} A_i\right) = \sum\limits_{i=1}^{\infty} P(A_i)$，常称为可列（完全）可加性，

则称 $P(A)$ 为事件 A 的概率。

2. 古典概型

如果一个随机试验具有以下两个特征：

（1）试验的样本空间为有限个样本点，即 $\Omega = \{\omega_1, \omega_2, \cdots, \omega_n\}$；

（2）每个样本点出现的概率相同，即 $P(\omega_1) = P(\omega_2) = \cdots = P(\omega_n)$，

则称该随机试验为古典概型。对于古典概型，事件 A 发生的概率 $P(A) = \dfrac{k}{n}$，k 为事件 A 所包含的样本点个数，n 为样本空间所有样本点的个数。

3. 几何概型

如果一个随机试验具有以下两个特征：

（1）试验的样本空间 Ω 是一个大小可以计量的几何区域（如线段、平面、立体）；

（2）向区域内任意投一点，落在区域内任意一点处的概率都是相同的，

则称该随机试验为几何概型。

4. 联合概率

定义 1.24（联合概率） 假设存在多个随机事件，则多个事件同时发生的概率称为多个事件的联合概率。例如，事件 A 和事件 B 同时发生的概率，即事件 A 和事件 B 的联合概率，记作 $P(AB), P(A,B)$ 或 $P(A\cap B)$。

5. 条件概率

定义 1.25（条件概率） 假设存在两个不同的事件 A 和事件 B，则事件 A 在事件 B 已发生的条件下发生的概率称为条件概率，记作 $P(A|B)$，有

$$P(A|B)=\frac{P(AB)}{P(B)},\quad P(B)>0 \tag{1.29}$$

6. 事件的独立性

定义 1.26（事件的独立性） 设存在事件 A 和事件 B，如果概率满足 $P(AB)=P(A)P(B)$，则称事件 A 和事件 B 相互独立。

必然事件 $\varOmega$ 和不可能事件 $\varPhi$ 与任何事件都互相独立。如果事件 A 和事件 B 相互独立，则我们可以获得以下规律：

- $P(AB)=P(A)P(B)$；
- $P(A|B)=P(A)$，$P(B|A)=P(B)$；
- $\bar{A}$ 与 B、A 与 $\bar{B}$、$\bar{A}$ 与 $\bar{B}$ 也互相独立。

1.2.3 全概率和贝叶斯公式

1. 完备事件组

定义 1.27（完备事件组） 设 $\varOmega$ 为试验 E 的样本空间，$A_1,A_2,\cdots,A_n$ 为试验 E 的一组事件，如果存在

（1）$A_iA_j=\varPhi$，其中 $i\neq j$ 且 $i,j=1,2,\cdots,n$；

（2）$\bigcup\limits_{i=1}^{n}A_i=\varOmega$，

则称 $A_1,A_2,\cdots,A_n$ 为样本空间 $\varOmega$ 的一个完备事件组。

2. 全概率公式

如果事件 $A_1,A_2,\cdots,A_n$ 为样本空间 $\varOmega$ 的一个完备事件组，则对任意一个事件 B，有如下的公式成立：

$$P(B)=\sum_{i=1}^{n}P(A_i)P(B|A_i) \tag{1.30}$$

该公式称为全概率公式。

3. 贝叶斯公式

如果事件 $A_1, A_2, \cdots, A_n$ 为样本空间 Ω 的一个完备事件组，由条件概率定义和全概率公式，对任意一个事件 B，有如下的公式成立：

$$P(A_k|B) = \frac{P(B|A_k)P(A_k)}{\sum\limits_{i=1}^{n} P(A_i)P(B|A_i)}, \quad k \in [1, 2, \cdots, n] \tag{1.31}$$

该公式称为贝叶斯公式。

1.2.4 随机变量及其分布

1. 随机变量

定义 1.28（随机变量） 设有随机试验的样本空间 Ω，若对 Ω 中的每个样本点 ω，都有唯一的实数值 $X(\omega)$ 与之对应，则称 $X(\omega)$ 为随机变量，简记为 X。

随机变量的引入，主要目的是让随机试验的结果可以数值化，使得可更好地使用数学工具进行研究。

2. 离散型随机变量

定义 1.29（离散型随机变量） 如果随机变量 X 的取值是有限个或可列无穷个，则称 X 为离散型随机变量。

定义 1.30（离散型随机变量的分布律） 设离散型随机变量 X 的所有可能取值为 $x_k, k = 1, 2, \cdots$，记

$$P\{X = x_k\} = p_k, \quad k = 1, 2, \cdots \tag{1.32}$$

为离散型随机变量的概率函数，也称为离散型随机变量 X 的分布律，简记为 $P(X)$。

离散型随机变量的分布律具有以下的性质：

（1）$p_k \geqslant 0,\ k = 1, 2, \cdots$；

（2）$\sum\limits_{k=1}^{\infty} p_k = 1$。

定义 1.31（随机变量的分布函数） 设 X 为随机变量，则函数 $F(X) = P(X \leqslant x), -\infty < x < +\infty$，称为随机变量 X 的分布函数。

对于离散型随机变量，在知道了分布律后求分布函数相对简单，只需将小于或等于 x 范围的随机变量的概率累加求和即可。后面将介绍几个常见的离散型随机变量分布：伯努利分布、二项分布、泊松分布。

定义 1.32（伯努利分布） 如果随机变量 X 的分布律为

$$P\{X=k\}=p^k(1-p)^{(1-k)}, \quad k=0,1 \tag{1.33}$$

则称随机变量 X 服从参数为 p 的伯努利分布（Bernoulli 分布），记作 $X \backsim B(1,p)$，其中 $0 \leqslant p \leqslant 1$ 为参数。伯努利分布也称为 $0-1$ 分布或二点分布。

定义 1.33（二项分布） 如果随机变量 X 的分布律为

$$P\{X=k\}=\mathrm{C}_n^k p^k(1-p)^{(n-k)}, \quad k=0,1,\cdots,n \tag{1.34}$$

则称随机变量 X 服从参数为 (n,p) 的二项分布，记作 $X \backsim B(n,p)$，其中 n 为自然数，$0 \leqslant p \leqslant 1$ 为参数。

当 $n=1$ 时，$X \backsim B(1,p)$，此时随机变量 X 服从参数为 p 的伯努利分布，伯努利分布是二项分布的一个特例。

定义 1.34（泊松分布） 如果随机变量 X 的分布律为

$$P\{X=k\}=\frac{\lambda^k}{k!}\mathrm{e}^{-\lambda}, \quad k=0,1,2,\cdots \tag{1.35}$$

其中 $\lambda>0$ 为常数，则称随机变量 X 服从参数为 λ 的泊松分布（Poisson 分布）。

由泊松定理可知，若随机变量 $X \backsim B(n,p)$，当 n 比较大、p 比较小时，令 $\lambda=np$，则有

$$P\{X=k\}=\mathrm{C}_n^k p^k(1-p)^{(n-k)} \approx \frac{\lambda^k}{k!}\mathrm{e}^{-\lambda} \tag{1.36}$$

3. 连续型随机变量

定义 1.35（连续型随机变量的概率密度函数） 设 X 为连续型随机变量，X 在任意区间 (a,b) 上的概率可以表示为

$$P(a \leqslant X \leqslant b)=\int_a^b f(x)\mathrm{d}x \tag{1.37}$$

则称 $f(x)$ 为 X 的概率密度函数，简称概率密度。此时连续型随机变量的分布函数 $F(x)$ 也可以写成

$$F(x)=\int_{-\infty}^x f(t)\mathrm{d}t \tag{1.38}$$

概率密度函数 $f(x)$ 有以下性质：

（1）$f(x) \geqslant 0$；

（2）$\int_{-\infty}^{+\infty} f(x)\mathrm{d}t = 1$；

（3）$P(x_1 \leqslant X \leqslant x_2) = F(x_2) - F(x_1) = \int_{x_1}^{x_2} f(x)\mathrm{d}t,\ x_1 \leqslant x_2$；

（4）若 $f(x)$ 在点 x 处连续，则 $F^{'}(x) = f(x)$。

后面将介绍几个常见的连续型随机变量分布：均匀分布、指数分布、正态分布。

定义 1.36（均匀分布） 若随机变量 X 的概率密度函数为

$$f(x) = \begin{cases} \dfrac{1}{b-a}, & a \leqslant x \leqslant b \\ 0, & \text{其他} \end{cases} \tag{1.39}$$

则称随机变量 X 服从区间为 $[a,b]$ 的均匀分布，记作 $X \backsim U(a,b)$。

如果随机变量 X 服从区间为 $[a,b]$ 的均匀分布，$X \backsim U(a,b)$，则 X 的分布函数为

$$F(X) = \begin{cases} 1, & b < x \\ \dfrac{x-a}{b-a}, & a \leqslant x \leqslant b \\ 0, & x < a \end{cases} \tag{1.40}$$

定义 1.37（指数分布） 若随机变量 X 的概率密度函数为

$$f(x) = \begin{cases} \lambda \mathrm{e}^{-\lambda x}, & x > 0 \\ 0, & x \leqslant 0 \end{cases} \tag{1.41}$$

其中 $\lambda > 0$ 为常数，则称随机变量 X 服从参数为 λ 的指数分布，记作 $X \backsim E(\lambda)$。

如果随机变量 X 服从参数为 λ 的指数分布，$X \backsim E(\lambda)$，则 X 的分布函数为

$$F(X) = \begin{cases} 1 - \mathrm{e}^{-\lambda x}, & x > 0 \\ 0, & x \leqslant 0 \end{cases} \tag{1.42}$$

定义 1.38（正态分布） 若随机变量 X 的概率密度函数为

$$\frac{1}{\sqrt{2\pi}\delta}\mathrm{e}^{-\frac{(x-\mu)^2}{2\delta^2}}, \quad -\infty < x < +\infty \tag{1.43}$$

其中 $\mu, \delta > 0$ 为常数，则称随机变量 X 服从参数为 (μ, δ^2) 的正态分布，也称之为高斯分布（Gauss 分布），记作 $X \backsim N(\mu, \delta^2)$。

如果随机变量 X 服从参数为 (μ,δ^2) 的正态分布，$X \backsim N(\mu,\delta^2)$，则 X 的分布函数为

$$F(x)=\frac{1}{\sqrt{2\pi}\delta}\int_{-\infty}^{x}\mathrm{e}^{-\frac{(t-\mu)^2}{2\delta^2}}\mathrm{d}t \tag{1.44}$$

1.2.5 二维随机变量

前面我们关心的是一个随机变量的概率分布，但实际问题中常常需要两个或两个以上的随机变量。例如，有一个班（即样本空间）体检中的指标是身高 (X) 和体重 (Y)，我们需要观察学生的身体状况，不仅要观察每个随机变量，还要观察它们之间的关系。这时 (X,Y) 就构成一个二维随机变量。

1. 二维联合分布函数

定义 1.39（二维联合分布函数） 设 (X,Y) 是二维随机变量，对任意实数 x,y，有如下二元函数：

$$F(x,y)=P\{(X\leqslant x)\cap(Y\leqslant y)\}=P\{X\leqslant x,Y\leqslant y\} \tag{1.45}$$

称函数 $F(x,y)$ 为二维随机变量 (X,Y) 的分布函数，或二维随机变量 (X,Y) 的联合分布函数。

假设 $F(x,y)$ 是二维随机变量 (X,Y) 的联合分布函数，则它具有如下性质。

（1）$F(x,y)$ 对 x 和 y 都是单调非降的，即对固定的 x，当 $y_1<y_2$ 时，有 $F(x,y_1)\leqslant F(x,y_2)$；对固定的 y，当 $x_1<x_2$ 时，有 $F(x_1,y)\leqslant F(x_2,y)$。

（2）$F(x,y)$ 关于 x（或 y）均为右连续的，即 $F(x+0,y)=F(x,y)$，$F(x,y+0)=F(x,y)$。

（3）对固定的 y，有 $F(-\infty,y)=0$；对固定的 x，有 $F(x,-\infty)=0$。

（4）对任意的 (x_1,y_1) 和 (x_2,y_2)，当 $x_1<x_2$，$y_1<y_2$ 时，有 $F(x_1,y_1)+F(x_2,y_2)-F(x_1,y_2)-F(x_2,y_1)\geqslant 0$。

2. 二维离散型随机变量

定义 1.40（二维离散型联合概率函数） 设二维离散型随机变量 (X,Y) 的所有取值为 (x_i,y_j)，$i,j=1,2,\cdots$，则有

$$P(x_i,y_j)=P\{X=x_i,\quad Y=y_j\} \tag{1.46}$$

称函数 $P(x_i,y_j)$ 为二维离散型随机变量 (X,Y) 的联合概率函数，简记为 P_{ij}。

二维离散型随机变量 (X,Y) 的联合概率函数 $P(x_i,y_j)$ 具有如下性质：

（1）非负性：$P(x_i,y_j)\geqslant 0$；

（2）规范性：$\displaystyle\sum_i\sum_j P(x_i,y_j)=1$。

3. 二维连续型随机变量

定义 1.41（二维连续型概率密度函数） 设 (X,Y) 为二维连续型随机变量，有

$$P\{x_1 \leqslant X \leqslant x_2, y_1 \leqslant Y \leqslant y_2\} = \int_{y_1}^{y_2}\int_{x_1}^{x_2} f(x,y)\mathrm{d}x\mathrm{d}y \tag{1.47}$$

则称 $f(x,y)$ 为二维连续型随机变量 (X,Y) 的联合概率密度函数或概率密度函数，此时二维连续型随机变量 (X,Y) 的联合分布函数可写成

$$F(x,y) = \int_{-\infty}^{y}\int_{-\infty}^{x} f(u,v)\mathrm{d}u\mathrm{d}v \tag{1.48}$$

二维连续型随机变量 (X,Y) 的概率密度函数 $f(x,y)$ 具有如下性质：

（1）$f(x,y) \geqslant 0$；

（2）$\int_{-\infty}^{+\infty}\int_{-\infty}^{+\infty} f(x,y)\mathrm{d}x\mathrm{d}y = 1$。

4. 边缘分布与边缘密度函数

定义 1.42（边缘分布函数） 设二维随机变量 (X,Y) 的联合分布函数为 $F(x,y)$，则有

$$\begin{aligned} F_X(x) &= P\{X \leqslant x\} = P\{X \leqslant x, Y < +\infty\} = F(x,+\infty) \\ F_Y(y) &= P\{Y \leqslant y\} = P\{X < +\infty, Y \leqslant y\} = F(+\infty,y) \end{aligned} \tag{1.49}$$

则称 $F_X(x)$ 和 $F_Y(y)$ 为二维随机变量 (X,Y) 分别关于 X 和 Y 的边缘分布函数。

定义 1.43（边缘密度函数） 设连续型二维随机变量 (X,Y) 的联合概率密度为 $f(x,y)$，则有

$$\begin{aligned} f_X(x) &= \int_{-\infty}^{+\infty} f(x,y)\mathrm{d}y \\ f_Y(y) &= \int_{-\infty}^{+\infty} f(x,y)\mathrm{d}x \end{aligned} \tag{1.50}$$

则称 $f_X(x)$ 和 $f_Y(y)$ 为二维随机变量 (X,Y) 分别关于 X 和 Y 的边缘密度函数。

1.2.6 数学期望和方差

1. 数学期望

定义 1.44（离散型随机变量的数学期望） 设 X 为离散型随机变量，其分布律为 $P(X = x_k) = p_k, k = 1,2,\cdots$，若级数 $\sum_{k=1}^{\infty} x_k p_k$ 绝对收敛，则称级

数 $\sum_{k=1}^{\infty} x_k p_k$ 的和为离散型随机变量 X 的数学期望，记作 $E(X)$。

定义 1.45（连续型随机变量的数学期望） 设 X 为连续型随机变量，其概率密度函数为 $f(x)$，若积分 $\int_{-\infty}^{+\infty} xf(x)\mathrm{d}x$ 绝对收敛，则称积分 $\int_{-\infty}^{+\infty} xf(x)\mathrm{d}x$ 的值为连续型随机变量 X 的数学期望，记作 $E(X)$。

假设 c 为常数，X 和 Y 为两个随机变量，则数学期望具有以下性质：

（1）$E(c) = c$；

（2）$E(cX) = cE(X)$；

（3）$E(X + Y) = E(X) + E(Y)$；

（4）如果 X 与 Y 相互独立，则 $E(XY) = E(X)E(Y)$。

2. 方差

定义 1.46（方差） 设随机变量 X 的数学期望 $E(X)$ 存在，若 $E[(X-E(X))^2]$ 存在，则称 $E[(X-E(X))^2]$ 为随机变量 X 的方差，记作 $D(X)$ 或 δ^2；称 $\sqrt{D(X)}$ 为标准差或均方差，记作 δ。

由数学期望和方差的定义可知

$$D(X) = \begin{cases} \sum_{k=1}^{\infty} [x_k - E(X)]^2 P(X = x_k), & X \text{ 为离散型随机变量} \\ \int_{-\infty}^{+\infty} [x - E(X)]^2 f(x)\mathrm{d}x, & X \text{ 为连续型随机变量} \end{cases} \tag{1.51}$$

假设 c 为常数，X 和 Y 为两个随机变量，则方差具有以下性质：

（1）$D(c) = 0$；

（2）$D(cX) = c^2D(X)$；

（3）$D(c + X) = D(X)$；

（4）如果 X 与 Y 相互独立，则 $D(X + Y) = D(X) + D(Y)$。

3. 常见分布的数学期望和方差

表 1.1 给出了常见分布的数学期望和方差。

1.2.7 协方差和相关系数

1. 协方差

定义 1.47（协方差） 设随机变量 X 和 Y 的数学期望分别为 $E(X)$ 和 $E(Y)$，则随机变量 X 与 Y 之间的协方差定义为

$$\begin{aligned}\mathrm{Cov}(X,Y)&=E[(X-E(X))(Y-E(Y))]\\&=E[XY-XE(X)-YE(X)+E(X)E(Y)]\\&=E(XY)-E(X)E(Y)\end{aligned}\tag{1.52}$$

记为 $\mathrm{Cov}(X,Y)$ 或 σ_{XY}。

表 1.1　常见分布的数学期望和方差

分布类型	分布律或概率密度函数	数学期望 $E(X)$	方差 $D(X)$
伯努利分布	$P\{X=k\}=p^k(1-p)^{(1-k)}$，$k=0,1$	p	$p(1-p)$
二项分布	$P\{X=k\}=\mathrm{C}_n^k p^k(1-p)^{(n-k)}$，$k=0,1,\cdots,n$	np	$np(1-p)$
柏松分布	$P\{X=k\}=\dfrac{\lambda^k}{k!}\mathrm{e}^{-\lambda}$，$k=0,1,2,\cdots$	λ	λ
均匀分布	$f(x)=\begin{cases}\dfrac{1}{b-a}, & a\leqslant x\leqslant b\\0, & \text{其他}\end{cases}$	$\dfrac{a+b}{2}$	$\dfrac{(b-a)^2}{12}$
指数分布	$f(x)=\begin{cases}\lambda\mathrm{e}^{-\lambda x}, & x>0\\0, & x\leqslant 0\end{cases}$	$\dfrac{1}{\lambda}$	$\dfrac{1}{\lambda^2}$
正态分布	$\dfrac{1}{\sqrt{2\pi}\delta}\mathrm{e}^{-\frac{(x-\mu)^2}{2\delta^2}}$，$-\infty<x<+\infty$	μ	δ^2

协方差常用于衡量两个变量的总体误差，如果两个变量的变化趋势一致，即其中一个大于自身的期望值时另一个也大于自身的期望值，那么两个变量之间的协方差就是正值；如果两个变量的变化趋势相反，即其中一个变量大于自身的期望值时另一个却小于自身的期望值，那么两个变量之间的协方差就是负值。假设 X 和 Y 为两个随机变量，那么有如下规律：

（1）若 $\mathrm{Cov}(XY)>0$，则 X 和 Y 的变化趋势相同；

（2）若 $\mathrm{Cov}(XY)<0$，则 X 和 Y 的变化趋势相反；

（3）若 $\mathrm{Cov}(XY)=0$，则 X 和 Y 不相关。

假设 X 和 Y 为两个随机变量，a 和 b 为常数，那么协方差具有以下性质：

（1）$\mathrm{Cov}(X,Y)=\mathrm{Cov}(Y,X)$；

（2）$\mathrm{Cov}(aX,bY)=ab\mathrm{Cov}(X,Y)$；

（3）$\mathrm{Cov}(X+1,Y+b)=\mathrm{Cov}(X,Y)$；

（4）$\mathrm{Cov}(X_1+X_2,Y)=\mathrm{Cov}(X_1,Y)+\mathrm{Cov}(X_2,Y)$；

（5）$D(X\pm Y)=D(X)+D(Y)\pm\mathrm{Cov}(X,Y)$；

（6）$D(X)=\mathrm{Cov}(X,X)=\sigma_{XX},D(Y)=\mathrm{Cov}(Y,Y)=\sigma_{YY}$。

2. 相关系数

协方差作为描述 X 和 Y 相关程度的量，在同一物理量纲之下有一定的作用，但同样的两个量采用不同的量纲会使它们的协方差在数值上表现出很大的差异。为此引入相关系数。

定义 1.48（Pearson 相关系数）　设随机变量 X 和 Y 的方差分别为 $D(X)>0$ 和 $D(Y)>0$，协方差为 σ_{XY}，则随机变量 X 与 Y 之间的 Pearson 相关系数定义为

$$\rho_{XY}=\frac{\sigma_{XY}}{\sqrt{D(X)\sqrt{D(Y)}}} \tag{1.53}$$

记为 ρ_{XY}，简记为 ρ。

设 ρ_{XY} 是随机变量 X 和 Y 的相关系数，则有

（1）$|\rho_{XY}|\leqslant 1$；

（2）$|\rho_{XY}|=1$ 的充要条件是 $P(Y=aX+b)=1$，a 和 b 为常数，且 $a\neq 0$。此时也称 X 与 Y 完全相关；

（3）当 $\rho_{XY}=0$ 时，称 X 与 Y 不相关。

1.2.8　最大似然估计

参数估计问题：根据从总体中抽取的随机样本来估计总体分布中未知参数的过程。从估计形式看，可区分为点估计与区间估计；从构造估计量的方法讲，有矩法估计、最小二乘估计、最大似然估计、贝叶斯估计等。本节将介绍其中的最大似然估计。

最大似然估计（Maximum Likelihood Estimate，MLE）是参数估计的方法之一，指已知某个随机样本满足某种概率分布，但是其中具体的参数不清楚，参数估计就是通过若干试验，观察其结果，利用结果推出参数的大概值，也称最大概似估计或极大似然估计。最大概似估计于 1821 年首先由德国数学家高斯（Gauss）提出，但是极大似然估计通常被归功于英国的统计学家罗纳德 • 费希尔（Fisher），他在 1922 年重新发现和进一步研究其特性。

定义 1.49（似然函数）　当总体 X 为离散型随机变量时，设其分布律为 $P(X=x)=p(x;\theta_1,\theta_2,\cdots,\theta_k)$，其中 $\theta_1,\theta_2,\cdots,\theta_k$ 为未知参数，又设 $X_1,X_2,\cdots,X_n$ 为总体的一个样本，则

$$L(\theta)=\prod_{i=1}^{n}p(x_i;\theta_1,\theta_2,\cdots,\theta_k) \tag{1.54}$$

其中 $x_1,x_2,\cdots,x_n$ 为相应于样本 $X_1,X_2,\cdots,X_n$ 的一个样本值，称 $L(\theta)$ 为样本的似然函数。

当总体 X 为连续型随机变量时，设其概率密度函数为 $f(x;\theta_1,\theta_2,\cdots,\theta_k)$，则样本的似然函数为

$$L(\theta)=\prod_{i=1}^{n} f(x_i;\theta_1,\theta_2,\cdots,\theta_k) \tag{1.55}$$

似然函数 $L(\theta)$ 表示未知参数 $\theta_1,\theta_2,\cdots,\theta_k$ 与样本 $X_1,X_2,\cdots,X_n$ 的关联程度，当参数 $\theta_1,\theta_2,\cdots,\theta_k$ 取不同值时，似然函数 $L(\theta)$ 值也不同。当似然函数 $L(\theta)$ 值最大时，此时的参数 $\theta_1,\theta_2,\cdots,\theta_k$ 使得样本 $X_1,X_2,\cdots,X_n$ 出现的概率最大，也就是找到参数 $\theta_1,\theta_2,\cdots,\theta_k$ 最优的值，即似然函数取得最大值时相应的参数，使得统计模型最为合理，这就是最大似然估计。

最大似然估计的原理就是固定样本观测值 $x_1,x_2,\cdots,x_n$，挑选参数 θ，使得似然函数 $L(\theta)$ 取得最大值，若似然函数 $L(\theta)$ 在 $\hat{\theta}$ 处取得最大值，则称 $\hat{\theta}$ 为 $\theta=(\theta_1,\theta_2,\cdots,\theta_k)$ 的最大似然估计值。求最大似然估计值的主要步骤如下：

（1）写出样本的似然函数 $L(\theta)$；

（2）取对数 $\ln L(\theta)$；

（3）解方程组 $\dfrac{\partial \ln L(\theta)}{\partial \theta_i}=0, i=1,2,\cdots,k$。求得的最大值点 $\hat{\theta}=(\hat{\theta}_1,\hat{\theta}_2,\cdots,\hat{\theta}_k)$ 就是 $\theta=(\theta_1,\theta_2,\cdots,\theta_k)$ 的最大似然估计值。

1.3 距离度量基础

距离度量是神经网络中的一个重要概念，用于衡量不同样本之间的相似性和差异性。在神经网络中，距离度量被广泛应用于聚类、分类和回归等问题中。本节将重点介绍度量、向量范数和几个常见的距离度量。

1.3.1 度量

定义 1.50（度量） 假设 M 是任一非空集合，对 M 中任意两点 x,y，有一对应的实数 $d(x,y)$ 满足以下性质：

（1）非负性：$d(x,y)\geqslant 0$；

（2）非退化性：当且仅当 $x=y$ 时，$d(x,y)=0$；

（3）对称性：$d(x,y)=d(y,x)$；

（4）三角不等式：$d(x,y)\leqslant d(x,z)+d(z,y), \forall x,y,z\in M$，

则称 $d(x,y)$ 为集合 M 中两点 x,y 的一个距离，称映射 $d:M\times M\to\mathbb{R}$ 为集合 M 的一个度量，度量也被称为距离函数，简称距离。

度量是指测量空间中点之间距离的一种方式，通常情况下我们不细区分度量和距离的概念。最常用的距离度量就是欧氏距离。假设存在两个向量 $\boldsymbol{x}=$

$(x_1, x_2, \cdots, x_n)^{\mathrm{T}}$ 和 $\boldsymbol{y} = (y_1, y_2, \cdots, y_n)^{\mathrm{T}}$，则它们的欧氏距离为

$$d(\boldsymbol{x}, \boldsymbol{y}) = \|\boldsymbol{x} - \boldsymbol{y}\| = \sqrt{\sum_{i=1}^{n}(x_i - y_i)^2} \tag{1.56}$$

在机器学习中，常常用于比较两个类别是否相同的函数也是一种度量，称为离散度量，定义如下：

$$d(x, y) = \begin{cases} 1, & x \neq y \\ 0, & x = y \end{cases} \tag{1.57}$$

1.3.2 向量范数

定义 1.51（向量范数） 对向量空间 V 上的任意向量 $\boldsymbol{x}$，存在一个实数映射 $\|\boldsymbol{x}\|$，如果映射 $\|\cdot\| : V \to \mathbb{R}$ 满足：

（1）非负性：$\|\boldsymbol{x}\| \geqslant 0$；

（2）非退化性：当且仅当 $x = 0$ 时，$\|x\| = 0$；

（3）齐次性：$\|\lambda \boldsymbol{x}\| = |\lambda| \|\boldsymbol{x}\|$，其中 $\lambda \in \mathbb{R}, \boldsymbol{x} \in V$；

（4）三角不等式：$\|\boldsymbol{x} + \boldsymbol{y}\| \leqslant \|\boldsymbol{x}\| + \|\boldsymbol{y}\|, \forall \boldsymbol{x}, \boldsymbol{y} \in V$，

则称 $\|\boldsymbol{x}\|$ 为向量空间 V 上向量 $\boldsymbol{x}$ 的范数。

最常见的向量范数为 p-范数，p-范数定义如下。

定义 1.52（p-范数） 如果存在 $p \geqslant 1$，则 $\boldsymbol{x} \in \mathbb{R}^n$ 的 p-范数定义如下：

$$\|\boldsymbol{x}\|_p = \left(\sum_{i=1}^{n} |x_i|^p\right)^{\frac{1}{p}} \tag{1.58}$$

也记作 l_p 范数或 p-norm。

以下是常用的 p-范数。

（1）1-范数：$\|\boldsymbol{x}\|_1 = \sum_{i=1}^{n} |x_i|$，也记作 l_1 范数；

（2）2-范数：$\|\boldsymbol{x}\|_2 = \left(\sum_{i=1}^{n} |x_i|^2\right)^{\frac{1}{2}}$，也记作 l_2 范数；

（3）∞-范数：$\|\boldsymbol{x}\|_\infty = \lim_{p\to\infty} \|\boldsymbol{x}\|_p = \lim_{p\to\infty} \left(\sum_{i=1}^{n} |x_i|^p\right)^{\frac{1}{p}} = \max_i |x_i|$，也记作 l_∞ 范数。

1.3.3 度量与向量范数的关系

由度量和向量范数的定义，显然向量范数总是可以引出度量。对一个存在向量范数的向量空间 V 内的任意两个向量 $\boldsymbol{x},\boldsymbol{y}$，总能使得

$$d(\boldsymbol{x},\boldsymbol{y}) = \|\boldsymbol{x}-\boldsymbol{y}\| \tag{1.59}$$

存在，其中 d 就是向量空间 V 上的一个度量。l_p 范数，也能对应引出 l_p 距离。假设存在两个向量 $\boldsymbol{x}=(x_1,x_2,\cdots,x_n)^{\mathrm{T}}$ 和 $\boldsymbol{y}=(y_1,y_2,\cdots,y_n)^{\mathrm{T}}$，我们可以获得 l_p 距离：

$$d(\boldsymbol{x},\boldsymbol{y}) = \|\boldsymbol{x}-\boldsymbol{y}\|_p = \left(\sum_{i=1}^{n}(x_i-y_i)^p\right)^{\frac{1}{p}} \tag{1.60}$$

l_p 距离也称闵可夫斯基距离，记作 $\|\cdot\|_p$。

当 p 取 $1,2,\infty$ 时，又可以获得

（1）l_1 距离：

$$d(\boldsymbol{x},\boldsymbol{y}) = \|\boldsymbol{x}-\boldsymbol{y}\|_1 = \sum_{i=1}^{n}|x_i-y_i| \tag{1.61}$$

l_1 距离也称曼哈顿距离，记作 $\|\cdot\|_1$。

（2）l_2 距离：

$$d(\boldsymbol{x},\boldsymbol{y}) = \|\boldsymbol{x}-\boldsymbol{y}\|_2 = \sqrt{\sum_{i=1}^{n}(x_i-y_i)^2} \tag{1.62}$$

显然 l_2 距离就是欧氏距离，记作 $\|\cdot\|_2$，常常也会省略下标，记作 $\|\cdot\|$。

（3）l_∞ 距离：

$$d(\boldsymbol{x},\boldsymbol{y}) = \|\boldsymbol{x}-\boldsymbol{y}\|_\infty = \max_i(|x_i-y_i|), i=1,2,\cdots,n \tag{1.63}$$

l_∞ 距离也称切比雪夫距离，记作，$\|\cdot\|_\infty$。

1.3.4 其他距离度量

本节将介绍其他几个常见的距离度量。

1. 标准化欧氏距离

标准化欧氏距离是对欧氏距离的一个改进。对数据各维分量的分布或单位不同带来的偏差，标准化欧氏距离的思想就是先将各个分量进行标准化，再求距离。假设 n 维的样本集 S 中各个维度的均值为 m_i，方差为 s_i，$i=1,2,\cdots,n$，

则样本集 S 中两点 $\boldsymbol{x}=(x_1,x_2,\cdots,x_n)^{\mathrm{T}}$ 和 $\boldsymbol{y}=(y_1,y_2,\cdots,y_n)^{\mathrm{T}}$ 的标准化欧氏距离为

$$d(\boldsymbol{x},\boldsymbol{y})=\sqrt{\sum_{i=1}^{n}\left(\frac{x_i-m_i}{s_i}-\frac{y_i-m_i}{s_i}\right)^2}=\sqrt{\sum_{i=1}^{n}\left(\frac{x_i-y_i}{s_i}\right)^2} \tag{1.64}$$

如果我们把方差的倒数看成权重，则称之为加权欧氏距离。

2. 马氏距离

标准化欧氏距离能够消除数据各维分量的分布或单位不同带来的影响，但不能消除变量之间相关性的影响。为此，马氏距离则引入了协方差矩阵。假设 n 维的样本集 S 的协方差矩阵为 $\boldsymbol{\Sigma}$，则样本集 S 中两点 $\boldsymbol{x}=(x_1,x_2,\cdots,x_n)^{\mathrm{T}}$ 和 $\boldsymbol{y}=(y_1,y_2,\cdots,y_n)^{\mathrm{T}}$ 的马氏距离为

$$d(\boldsymbol{x},\boldsymbol{y})=\sqrt{(\boldsymbol{x}-\boldsymbol{y})^{\mathrm{T}}\boldsymbol{\Sigma}^{-1}(\boldsymbol{x}-\boldsymbol{y})} \tag{1.65}$$

当样本集 S 中各维不相关时，马氏距离就是标准化欧氏距离。

3. 余弦距离

给定两点 $\boldsymbol{x}=(x_1,x_2,\cdots,x_n)^{\mathrm{T}}$ 和 $\boldsymbol{y}=(y_1,y_2,\cdots,y_n)^{\mathrm{T}}$ 的余弦距离定义如下：

$$d(\boldsymbol{x},\boldsymbol{y})=\frac{\displaystyle\sum_{i=1}^{n}x_iy_i}{\sqrt{\displaystyle\sum_{i=1}^{n}x_i^2}\sqrt{\displaystyle\sum_{i=1}^{n}y_i^2}} \tag{1.66}$$

欧氏距离数值容易受到维度的影响，特别是高维数据。而余弦距离没有这个问题，但余弦距离只考虑方向相差大小而不考虑绝对相差大小也是它的缺点，所以一般具体情况具体分析。

1.4 信息论基础

信息论是一门研究信息量、信息传输和信息存储等问题的学科，它是研究神经网络的理论基础之一。在神经网络中，信息论被广泛应用于描述神经元之间的信息流动和信息熵等概念。其中，信息熵是信息论中的重要概念，用于描述随机事件中的不确定性度量。在神经网络的训练和优化中，信息论用于描述梯度和误差的分布特征，从而提供优化算法的理论基础。本节将介绍信息熵、KL 散度和交叉熵等基本概念。

1.4.1 信息量和信息熵

信息熵是信息论的一个核心概念，由克劳德·艾尔伍德·香农（Claude Elwood Shannon）提出，用于描述信息源各可能事件发生的不确定性。

定义 1.53（信息熵） 假设存在一个离散随机变量 X，其概率函数为 $P(x)$，则其信息熵定义为

$$H(X) = -\sum_{X} P(X)\log P(X) \tag{1.67}$$

信息熵也称为香农熵，简称熵。其中

$$I(X) = -\log P(X) \tag{1.68}$$

称为信息量。

我们可以发现，信息量和事件发生概率的大小恰好相反。事件发生的概率越小，不确定性越大，信息量越大。而信息熵刚好是信息量的数学期望，即

$$H(X) = E_X(I(X)) = -E_X(\log P(X)) \tag{1.69}$$

这就反映随机变量 X 整体信息量的多少，也就是反映了其不确定性。随机变量 X 的熵越大，则它的不确性就越大；如果随机变量 X 是确定的，此时熵为 0。

1.4.2 联合熵和条件熵

定义 1.54（联合熵） 假设存在两个离散型随机变量 X 和 Y，其联合概率函数为 $P(X,Y)$，它们的联合熵定义为

$$H(X,Y) = -\sum_{X,Y} P(X,Y)\log P(X,Y) \tag{1.70}$$

定义 1.55（条件熵） 假设存在两个离散型随机变量 X 和 Y，给定 $X=x$ 条件下 Y 的熵为

$$H(Y|X=x) = -\sum_{Y} P(Y|X=x)\log P(Y|X=x) \tag{1.71}$$

那么 $H(Y|X)$ 为 $H(Y|X=x)$ 在 X 取遍所有可能 x 后的期望，则称 $H(Y|X)$ 为在给定 X 条件下 Y 的条件熵，定义为

$$\begin{aligned} H(Y|X) &= \sum_{x} P(X=x)H(Y|X=x) \\ &= -\sum_{X}\sum_{Y} P(X)P(Y|X)\log P(Y|X) \\ &= -\sum_{X,Y} P(X,Y)\log P(Y|X) \end{aligned} \tag{1.72}$$

由联合熵和条件熵的定义易得

$$H(X,Y)=H(X)+H(Y|X)=H(Y)+H(X|Y) \tag{1.73}$$

1.4.3 KL 散度和 JS 散度

定义 1.56（KL 散度） 假设离散随机变量 X 有两个概率分布 $P(X)$ 和 $Q(X)$，其中 $P(X)$ 表示 X 的真实分布，$Q(X)$ 表示 X 的训练分布或预测分布，则 KL（Kullback-Leibler）散度定义为

$$\mathrm{KL}(P,Q)=\sum_X P(X)\log\frac{P(X)}{Q(X)} \tag{1.74}$$

KL 散度可用于度量这两个分布的差异。KL 散度也称相对熵。

从 KL 散度定义我们可得：

（1）KL 散度的取值范围是 $[0,\infty)$；

（2）Q 的分布越接近 P，KL 散度越小；

（3）当分布 $P(X)$ 和 $Q(X)$ 完全一样时，$\mathrm{KL}(P,Q)=\mathrm{KL}(Q,P)=0$；

（4）KL 散度不是对称的，即当 $P(X)$ 和 $Q(X)$ 不相同时，$\mathrm{KL}(P,Q)\neq\mathrm{KL}(Q,P)$；

（5）KL 散度不满足三角不等式。

为了解决 KL 散度不对称问题，JS 散度对其进行了改进。

定义 1.57（JS 散度） 假设离散随机变量 X 有两个概率分布 $P(X)$ 和 $Q(X)$，则 JS（Jensen-Shannon）散度定义为

$$\mathrm{JS}(P,Q)=\frac{1}{2}\mathrm{KL}\left(P,\frac{P+Q}{2}\right)+\frac{1}{2}\mathrm{KL}\left(Q,\frac{P+Q}{2}\right) \tag{1.75}$$

1.4.4 交叉熵

假设 $P(X)$ 表示 X 的真实分布，$Q(X)$ 表示 X 的训练分布或预测分布，则 $P(X)$ 和 $Q(X)$ 的 KL 散度为

$$\begin{aligned}\mathrm{KL}(P,Q)&=\sum_X P(X)\log\frac{P(X)}{Q(X)}\\&=\sum_X P(X)(\log P(X)-\log Q(X))\\&=\sum_X P(X)\log P(X)-\sum_X P(X)\log Q(X)\end{aligned} \tag{1.76}$$

由于真实分布 $P(X)$ 已知且不变，所以 $\sum_X P(X)\log P(X)$ 是固定值。因此，我们往往只需关注式 (1.76) 后面的部分 $-\sum_X P(X)\log Q(X)$。

定义 1.58 假设离散随机变量 X 有两个概率分布 $P(X)$ 和 $Q(X)$，则交叉熵（Cross-Entropy）定义为

$$\mathrm{CE}(P,Q) = -\sum_X P(X)\log Q(X) \tag{1.77}$$

同样，交叉熵度量了两个概率分布的距离，也就是说，交叉熵值越小，此时相对熵的值也越小，两个概率分布越接近。但是当 $P(X)$ 和 $Q(X)$ 完全一样时，$\mathrm{CE}(P,Q)$ 不一定等于 0，而是一个大于或等于 0 的数。

1.5 本章小结

在本章中，我们介绍了神经网络数学基础的主要内容，包括线性代数、概率论和信息论等知识。线性代数提供了用于描述神经网络中神经元之间的连接关系和权值等参数的基础数学工具。概率论和信息论则提供了用于描述神经网络中的不确定性和信息量的数学工具，并提供了重要的概念和算法，如概率分布、信息熵、KL 散度和交叉熵等。

深入理解神经网络的数学基础对于深度学习和人工智能领域的研究和应用具有重要意义。通过学习本章的内容，读者可以更好地理解后面的自组织增量学习神经网络的工作原理和局限性，并可以更有效地训练和调整自组织增量学习神经网络。此外，对神经网络数学基础的深入了解也有助于读者在进一步学习深度学习和人工智能领域的知识时，更快地掌握相关的理论和技术。

第 2 章

自组织神经网络的起源与发展

人工神经网络采用广泛互连的结构与有效的学习机制模拟了人脑信息处理的过程，成为连接主义智能实现的典范，是人工智能发展中的重要方法。神经生物学研究表明，不同的感觉输入（运动、视觉、听觉等）以有序的方式映射到大脑皮层的相应区域。这种映射称为拓扑映射，它具有两个重要特性：一是在表示或处理的每个阶段，每一条传入的信息都保存在适当的上下文（相邻节点）中；二是处理密切相关信息的神经元之间保持密切，以便它们可以通过短突触连接进行交互。作为模拟人脑中信息存储和处理的有效工具，人工神经网络模型也应当具有这样的自学习与自组织等智能行为，才能使机器具有与人类相似的智能水平。自组织神经网络是一类较为特殊的神经网络，与常见的前向传播网络不同，它的学习规则并非误差反向传播，而是神经元之间的竞争学习。自组织增量学习神经网络正是在自组织神经网络的基础上结合竞争 Hebbian 学习规则（Competitive Hebbian Rule）[1]、拓扑表示网络（Topology Representing Networks）[2] 及增量学习等概念发展而来的。本章将介绍与自组织神经网络相关的早期研究工作，即竞争学习神经网络的起源与发展脉络。

2.1 自组织神经网络的发展历史

人工神经网络诞生于 20 世纪 40 年代，Warren McCulloch 和 Walter Pitts [3] 展示了人工神经网络原则上可以完成任意算术运算和逻辑运算，这一概念的提出甚至比第一台电子计算机的出现还要早。此后，Donald Hebb [4] 提出经典的条件反射源于个体神经元的性质，并且建立了一套关于生物神经元学习机制的学说。20 世纪 50 年代后期，Frank Rosenblatt [5] 提出了感知机模型及相应的学习算法，这也成为人工神经网络的第一个实际应用。因为感知机网络所具备的模式识别能力的成功应用，随后掀起了神经网络研究的巨大热潮。但是很快 Marvin Minsky 和 Seymour Papert [6] 指出了感知机模型的局限性，虽然随后提出了能够克服这种局限性的新网络，但是没能成功改进相应的学习算法来训练更为复杂的网络。受此影响，许多人放弃了神经网络的研究，认为进一步研究神经网络将是死路一条，神经网络的研究因此陷入了十年的停滞期。即便如此，20 世纪 70 年代仍然有一些重要的研究成果相继出现。Teuvo Kohonen [7] 在 1972 年发明了具有记忆功能的神经网络，通过 Hebb 规则来学习输入向量和输出向量之间的相关性。与此同时，Stephen Grossberg [8] 也开始展开对自组织神经网络的研究，提出了含有短期记忆和长期记忆两种记忆机制的竞争网络。进入 80 年代，随着计算设备计算能力的快速增长及一些重要概念的提出，人们对神经网络研究的热情又被重新点燃起来。其中一个是由 John Hopfield [9] 提出的可用于联想记忆的 Hopfield 网络。另一个是用于训练多层感知机网络的反向传播算法，这个算法也是对之前批评感知机局限性的回答。此外，自组织映射（Self-Organizing Map，SOM）网络及自适应共振理论（Adaptive Resonance Theory，ART）网络也都是在这个时期提出的。到 90 年代有了循环神经网络和卷积神经网络。进入 21 世纪，先后出现了自组织增量学习神经网络、深度神经网络和对抗神经网络等。这些神经网络模型大都发展成语音信号处理、自然语言处理和计算机视觉等领域的经典方法，在众多应用领域都取得了非常大的成功。自组织增量学习神经网络诞生历程如图 2.1 所示。

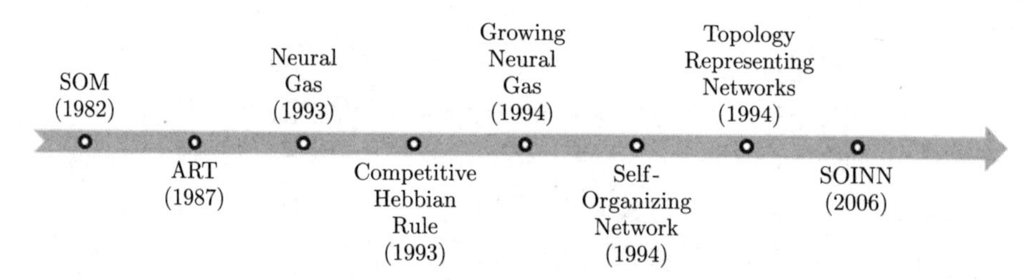

图 2.1　自组织增量学习神经网络诞生历程

聚类和拓扑学习是无监督学习的两个重要部分，两者都试图从无标签的数据集中发现隐含的信息。聚类算法的目的是挖掘出数据中潜在的全局结构信息；而拓扑学习则关注数据的局部邻域信息，这种局部信息能够在一定程度上反映原始数据在特征空间上的拓扑结构。历史上有多种竞争型神经网络模型被提出用于解决这两类问题，比较有代表性的是 Kohonen 提出的自组织映射网络（以下简称 SOM）和 Martinetz 等人提出的 Neural Gas（以下简称 NG）和 Topology Representing Network（以下简称 TRN）。这些网络都具有类似的学习机制，先预设一定数量的神经元随机分布在某个空间（可以是原始数据空间，如 NG 和 TRN；也可以是一个低维空间，用于把原始数据映射过来以达到降维目的，如 SOM），并初始化它们的连接以确定初始的网络拓扑结构，再逐个输入数据样本进行训练。训练过程中，所有神经元相互竞争对当前输入的响应权力，获胜的神经元更新自身参数以适应新的输入。这样的竞争机制导致最终网络收敛后的结果是不同区域的神经元对不同的输入模式更为敏感，一旦该模式出现就会有更大的概率在竞争中被激活，因此竞争神经网络是一种实现模式识别的模型。

然而，有研究表明这样的竞争神经网络难以在保持可塑性的情况下获得稳定的学习结果，这就是 Grossberg 和 Carpenter 提出的稳定性–可塑性困境 [10]（Stability-Plasticity Dilemma）：在试图构造一个能够实时地适应不断变化的环境的自适应学习系统时，如果一个系统过于稳定，则不善于适应快速变化的环境；反之，系统对外界的刺激过于敏感就会导致系统本身没有办法稳定地保存先前学习到的知识，甚至无法收敛到一个稳定的状态。因此，在面对缺乏先验知识且外部输入模式随时间变化的情况时，网络的自组织性和算法的增量性是一个学习系统应该具有的特性。

提出稳定性–可塑性困境的同时，Grossberg 和 Carpenter 提出了后来影响力极大的竞争神经网络模型——ART 网络试图解决这个问题。ART 网络及算法在适应新输入模式方面具有较大的灵活性，同时能够避免对先前所学模式的遗忘。此后越来越多的研究者提出了多种不同竞争网络模型来适应这一问题，其中的大多数都基于 SOM 和 NG 的结构及算法，最具有代表性的模型之一是 Fritzke 提出的 Growing Cell Structures 和 Growing Neural Gas 网络（以下简称 GNG），其中神经元可以随着输入数据动态地增加，因此 GNG 比 NG 网络具有更强的动态性，能够适应变化的输入模式，但是稳定性较差。SOINN 在 SOM 和 GNG 的基础上更进一步增强了网络的可塑性，同时又增加了删除噪声节点、自适应调整阈值参数等操作来稳定学习的结果。

2.2　自组织映射网络

2.2.1　自组织映射网络的基础

自组织映射网络 [11]（SOM）是由 Kohonen 于 1982 年提出的一种无监督、自组织、自学习网络，又称 Kohonen 网络。不同于一般神经网络基于损失函数的反向传递来训练，它运用竞争学习（competitive learning）策略，依靠神经元之间互相竞争逐步优化网络，且使用近邻关系函数（neighborhood function）来维持输入空间的拓扑结构。SOM 的目标是用低维（通常是二维或三维）目标空间中的点来表示高维空间中的所有点，同时尽可能地保持点间的距离和邻近关系，也即拓扑关系。在接收外界输入模式时，将会分为不同的对应区域，各区域对输入模式有不同的响应特征，而这个过程是自动完成的，其特点与人脑的自组织特性类似。自组织神经网络无须提供标签信息，能够对外界未知环境或样本空间进行学习和模拟，并对自身的网络结构进行适当的调整。

神经生物学研究表明，在人的感觉通道上一个很重要的组织原理是神经元有序地排列着，并且往往可以反映出所感觉到外界刺激的某些物理特性。例如，在听觉通道的每一个层次上，其神经元与神经纤维在结构上的排列与外界刺激的频率关系十分密切，对于某个频率，相应的神经元具有最大的响应，这种听觉通道上的有序排列一直延续到听觉皮层，尽管许多低层次上的组织是预先排好的，但高层次上的神经组织则是通过学习自组织而形成的。自组织映射神经网络作为一种聚类和高维可视化的无监督学习算法，也正是通过模拟以上人脑对信息存储和处理的特点而发展来的一种神经网络，随后发展为应用最广泛的自组织神经网络方法。

SOM 是一个可以在一维或二维的处理单元阵列上形成输入信号的特征拓扑分布网络，结构如图 2.2 所示。该网络模拟了人类大脑神经网络自组织特征映射的功能。该网络由输入层和竞争层组成，两层之间各神经元通过双向连接，网络没有隐藏层，有时竞争层各神经元之间还存在横向连接。其中输入层的神经元个数的选取按输入网络的向量个数而定，输入神经元为一维矩阵，接收网络的输入信号；竞争层则是由神经元按一定的方式排列成的一个二维节点矩阵。输入层的神经元与竞争层的神经元通过权值相互连接在一起。当网络接收到外部的输入信号以后，竞争层的某个神经元便会兴奋起来。

图 2.2　SOM 结构

SOM 的学习过程模拟了生物神经元之间的兴奋、协调、抑制和竞争作用的信息处理的动力学原理。网络通过对输入模式的反复学习可以使权值向量空间与输入模式的概率分布趋于一致，即概率保持性。网络的竞争层的各神经元竞争对输入模式的响应机会，获胜神经元有关的各权值朝着更有利于它竞争的方向调整，即以获胜神经元为圆心，对近邻的神经元表现出兴奋性侧反馈，而对远邻的神经元表现出抑制性侧反馈，近邻者相互激励，远邻者相互抑制。

SOM 的学习过程包括四个步骤。一是初始化，对所有连接权值都用较小的随机值进行初始化。二是竞争，对每种输入模式，竞争层神经元计算它们各自的判别函数值，这里判别函数可以定义为输入向量和每个神经元的权值向量之间的平方欧氏距离。具有最小判别函数值的神经元宣布为“胜利者”。换句话说，权值向量最接近输入向量（与其最相似）的神经元即为胜利者。这样，连续的输入空间通过神经元之间的一个竞争过程被映射到神经元的离散输出空间。三是合作，在神经生物学中，一组兴奋神经元内存在横向的相互作用。当一个神经元被激活时，最近的邻居节点往往比那些远离的邻居节点更兴奋，并且存在一个随距离衰减的拓扑邻域。获胜的神经元决定了兴奋神经元拓扑邻域的空间位置，从而为相邻神经元之间的合作提供了基础。四是适应，激活神经元通过适当调整相关的连接权值，减少与输入模式相关的判别函数值，使得获胜的神经元与相似输入模式的后续应用的响应增强。具体学习过程如算法 1（Algorithm 1）所示。

Algorithm 1　SOM 的训练过程

Input: 输入层神经元个数 n；竞争层神经元个数 m；随机初始化竞争层权值 $\boldsymbol{W} = \{\boldsymbol{w}_1, \boldsymbol{w}_2, \cdots, \boldsymbol{w}_m\}$；初始邻域 N_c；循环次数 $t_{\max}$；训练数据集 $X = \{\boldsymbol{x}^{(1)}, \boldsymbol{x}^{(2)}, \cdots, \boldsymbol{x}^{(n)}\}$。

1. **for** $t = 1$ to $t_{\max}$ **do**
2. 　**for** $k = 1$ to n **do**
3. 　　选择输入数据 $\boldsymbol{x}^{(k)}$ 输入网络
4. 　　计算 $\boldsymbol{x}^{(k)}$ 和所有输出神经元的距离，并选择和 $\boldsymbol{x}^{(k)}$ 距离最小的神经元 c，若 $c = \arg\min\limits_j \|\boldsymbol{x}^{(k)} - \boldsymbol{w}_j\|$，则 c 为获胜神经元
5. 　　根据神经元与 c 之间的距离，计算神经元激活度：
$$T(\boldsymbol{w}_j, \boldsymbol{w}_c) = \exp\left(-\frac{\|\boldsymbol{w}_j - \boldsymbol{w}_c\|}{2\sigma^2}\right)$$
6. 　　更新神经元 c 及其邻域神经元的权值：
$\boldsymbol{w}_j \leftarrow \boldsymbol{w}_j + \eta(t)T(\boldsymbol{w}_j, \boldsymbol{w}_c)(\boldsymbol{x}^{(k)} - \boldsymbol{w}_j)$
7. 　**end for**
8. **end for**

Output: 模型权值 $\boldsymbol{W}$。

SOM 的训练过程中，通常取 $500 \leqslant T \leqslant 10000$。$N_c$ 随着学习次数的增加逐渐减小。神经元激活度函数具有几个重要特性：对于获胜神经元，其取值是最大的，并且关于该神经元对称，同时当距离达到无穷大时会单调衰减到零，不依赖于获胜神经元的位置，即是平移不变的。

增益函数即学习率 $\eta(t)$，同样随时间逐渐减小。为了保证学习过程必然是

收敛的，一般要求

$$\sum_{k=n}^{\infty}\eta(t+k)=\infty,\quad \sum_{k=n}^{\infty}\eta^2(t+k)<\infty$$

其中 $0<\eta(t+k)<1, k=1,2,\cdots,\infty$。在实际训练过程中，对于连续系统通常取 $\eta(t)=\dfrac{1}{t}$，对于离散系统通常取 $\eta(t+k)=\dfrac{1}{t+k}$。

SOM 训练过程的直观可视化效果如图 2.3 所示。其中蓝色区域表示训练数据的分布，白色圆圈表示从该分布中选取的当前训练基准面。可以看出，SOM 节点先在数据空间中任意位置初始化，再选取最靠近训练基准的节点（黄色区域），并向该位置移动。经过多次迭代后，网络会趋近于数据分布。然而，SOM 算法依然存在一些局限性，例如，聚类数目和初始网络结构固定，需要预先设定聚类数目和初始的权值矩阵；可能会出现一些始终不能获胜的“死神经元”，同时会有一些因经常获胜而被过度利用的神经元，这样就不能充分利用所有神经元信息从而影响聚类质量；要想向 SOM 中加入新的类别必须先完整地重新学习之后才可进行；数据的输入顺序会影响甚至决定输出的结果，数据量少时尤为明显；连接权值初始值、计算策略、参数选择不当时会导致网络收敛时间过长，甚至不能收敛。

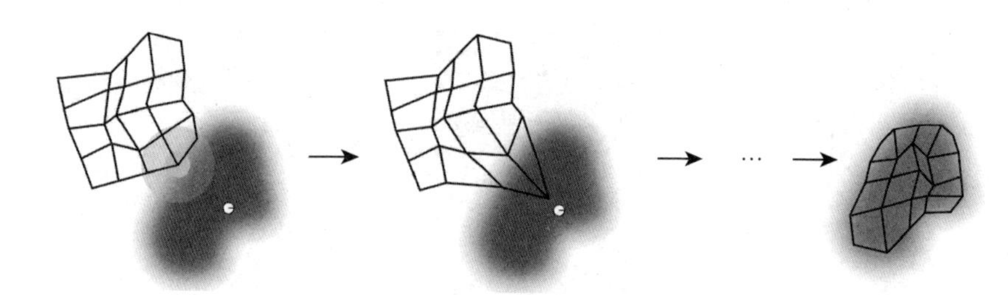

图 2.3　SOM 训练过程的直观化效果

2.2.2　自组织映射网络的扩展

针对 SOM 模型的不足，一些学者提出了不同的改进算法，从不同方面不同程度地克服了这些缺点。为了突破原始 SOM 模型需要预先给定网络神经元数目及其结构形状的限制，人们提出了多种在训练过程中动态确定网络结构和神经元数目的方法。Alahakoon 提出的 GSOM [12] 就是其中之一。GSOM 在初始时，竞争层由 4 个神经元构成正方形结构，在训练过程中，对每个输入样本，计算其获胜节点的累积误差，若累积误差大于预先指定的生长阈值，则在获胜点的邻域内找一空闲位置生成一个新节点；若其邻域内无空闲位置，则将它的累积误差分配给其邻域内的节点。这种方法的不足是不能按需要方便地在合适的位置生成新节点。Fritzke 提出了增长细胞结构（Growing Cell Structure，GCS）[13] 算法，GCS 算法从一个由 3 个神经元构成的三角形结构开始，记录下每个神经元获胜的次数，在下一周期开始前，选出获胜次数最多的神经元，在其最大的一边上增加一个含初始权值的新节点，并重新计算新节点及各邻接节点的获胜次数。同时，可根据节点的获胜次数进行节点的删除操作。Choi 等提出了自组织、自创造的神经网络（Self-Creating and Organizing Neural Networks，SCONN）模型 [14]，SCONN 模型在初始时存在一个激活水平足够高的根节点，先找出输入向量的最佳匹配单元，再比较输入向量与权值之差及最佳匹配单元的激活水平，若前者大于后者，则生成一个最佳匹配单元的子节点以匹配该输入向量；否则，修正匹配单元及邻域节点的权值。

原始 SOM 竞争学习机制经常会使得竞争层中有些节点始终不能获胜，尽管采用了拓扑结构来克服此缺点，但并不是非常有效。为此先后提出了很多克服此缺点的算法，比较典型的有 SOFM-CV [15]，SOFM-C [16]，ESOM（Expanding Self-Organizing Map），TASOM（Time Adaptive SOM）[17] 等。SOFM-CV 把 SOM 的权值都初始化为 $1/\sqrt{n}$（n 为输入向量的维数），每个输入向量要经过 $\alpha x+(1-\alpha)/\sqrt{n}$（$\alpha$ 随时间从 0 逐渐增大）修正后再输入网络。SOFM-C 给每个竞争层节点设置一个阈值，每次使竞争获胜的神经元的阈值增加，使经常获胜的神经元获胜的机会变小。ESOM 把获胜节点及其邻域节点的权值更新方式做了修改。在 TASOM 中，每个神经元都有自己的学习率和邻域函数，并且能根据学习时间自动地调整学习率和邻域的大小，以使网络对输入空间的缩放、平移和旋转不变。随后，一种二进制树的方式 BTASOM [18] 被提了出来，其层级数和节点数与环境相适应。

近些年来，基于 SOM 的变种方法依然很多。弹性映射（Elastic Maps）方法 [19] 从样条插值中借鉴了最小化弹性能的思想。在学习过程中，通过最小二乘近似误差的方法最小化了二次弯曲和拉伸能量之和。共形映射 [20,21] 方法使用共形映射在连续表面的网格节点之间插入每个训练样本。通过这种方法可以进行一对一的平滑映射。定向且可扩展的映射（OS-Map）[22] 改进了邻域函数和获胜者选择的方式。该算法将齐次高斯邻域函数替换为矩阵指数。因此，可以在映射空间或数据空间中指定方向。

2.3 自适应共振理论

人类智能的特性之一是可以在不忘记以前学习过的知识的基础上继续学习新事物，而这项特性却是多数神经网络模型所不具备的，后者通常需要用事

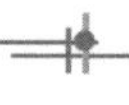

先准备好的训练数据集进行训练。当训练结束以后，神经元之间的连接强度就确定了，除非再次进行训练，否则这些连接强度不会再有任何改变。当有新模式出现时，这些神经网络模型只能将新模式加到训练数据集中进行重新训练，即需要把旧的知识重新学习一遍。这些神经网络模型没有辨别新模式出现的能力，也没有自我学习扩充记忆的能力。为了试图解决这些问题，Grossberg 等人模仿人的视觉与记忆的交互运作方式，提出了自适应共振理论。

2.3.1 自适应共振理论的基础

自适应共振理论 [23]（ART）的目的是为人类的心理和认知活动建立一个统一的数学理论。美国学者 Carpenter 和 Grossberg 在该理论基础上提出了 ART 神经网络模型。它利用生物神经细胞的自兴奋与侧抑制的原理来指导学习，让输入模式通过网络的双向连接权的作用来进行比较与识别，最后使网络对输入模式产生所谓的谐振，以此来完成对输入模式的记忆，并以同样的方式实现网络的回想。当网络已经存储了一定的内容之后，则可用它来进行识别。在识别过程中，如果输入是已记忆的或与已记忆的模式十分相似，则网络会把它回想出来；如果是没有记忆的新模式，则在不影响原有记忆的前提下，把它记忆下来，并用一个没用过的输出层神经元作为这一新模式的分类标志。

ART 网络主要有三种形式：ART1 [23] 用于处理双极型或二进制数据，即观察向量的每个分量是二值的，只能取 0 或 1；ART2 [24] 用于处理连续型模拟信号，即观察向量的每个分量可取任意实数值，也可用于二进制输入；ART3 [25] 是分级搜索模型，它兼容前两种形式的功能，将两层神经元网络扩大为任意多层神经元网络，并在神经元的运行模型中纳入人类神经元生物电—化学反应机制，因而具备了相当强的功能和扩展能力。

ART1 网络由比较层和识别层两层神经元组成，两层之间进行双向连接，其权值可以根据两种不同的学习规则进行修改。识别层的神经元具有允许竞争的抑制连接。此外，网络结构还包括三个附加模块，即两个增益模块和一个复位模块，网络结构如图 2.4 所示。

比较层的每个神经元接收来自三方面的信号：输入信号、识别层获胜神经元的反馈权向量的返回信号和 G_1 控制模块信号。比较层神经元的输出根据以上三种信号的多数投票结果产生，将输入向量与识别层中最匹配的神经元连接。神经元的权值矩阵与输入向量越相近则表示越匹配。

识别层对输入向量所做出的反应，可以看成通过警戒机制的原始输入向量。警戒提供了一种输入向量与激活识别层神经元相应的聚类中心之间的距离测度。当警戒低于预先设置的阈值时，会创建一个新的类别并将输入向量存于该类别中，也就是说，在识别层将先前未分配的神经元分配到一个与新的输入模式相联系的新类别中。识别层遵循胜者通吃的原理，如果输入的数据通过了警戒，获胜的神经元就会被训练，以便在特征空间中相应的聚类中心移向输入数据模式。同时，每个识别层的神经元会向其他神经元发出一个负信号以抑制它们的输出，负信号与该神经元和输入向量的匹配程度成正比。采用这种方式可以起到识别层横向抑制的作用，进而保证每个神经元表示输入向量被分类的类别。

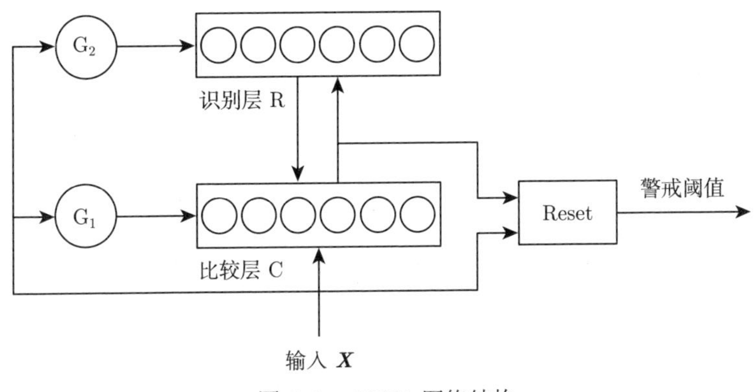

图 2.4　ART1 网络结构

增益模块 G_1 用于控制比较层中各个神经元的输出，让网络未见过的新输入无变化地通过比较层到达识别层，并且在没有输入信号时让比较层停止工作。增益模块 G_2 用于控制识别层的开关，在有输入信号时打开识别层，使得识别层的各个神经元能够平等竞争；在无输入信号时关闭识别层。

复位模块 Reset 用于判断获胜神经元至比较层的反馈连接权值与输入模式的匹配程度是否超过预先设定的警戒阈值。如果匹配程度超过了警戒阈值，则开始训练，获胜神经元的权值根据输入向量的特征进行调整；如果匹配程度低于警戒阈值，则不产生获胜神经元并执行搜索过程。在搜索过程中，识别层神经元会被重置函数逐个关闭，直到识别匹配程度超过警戒阈值为止。特别地，在搜索过程的每个循环中，如果激活值低于警戒阈值，则选择激活程度最高的识别神经元并将其置为无效，并因此可以将其抑制的神经元恢复。如果没有识别神经元的匹配程度超过警戒阈值，则添加新的神经元，并且调整其权值以匹配输入向量。警戒阈值的设置对算法结果有很大影响，较高的阈值会产生更多细粒度模式类别，较低的阈值则会产生更少、更一般的模式类别。

ART 网络的学习思路是当网络接收新的输入时，按照预设定的参考门限检查该输入模式与所有存储模式类典型向量之间的匹配程度以确定相似度，对相似度超过门限的所有模式类，选择最相似的作为该模式的代表类，并调整与该类别相关的权值，以使后续与该模式相似的输入再和该模式匹配时能够得到

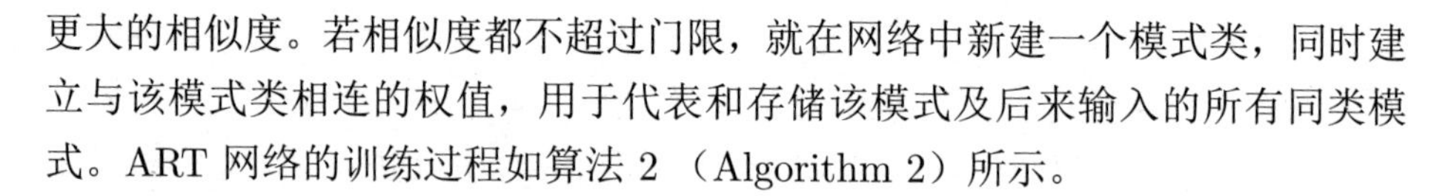

更大的相似度。若相似度都不超过门限，就在网络中新建一个模式类，同时建立与该模式类相连的权值，用于代表和存储该模式及后来输入的所有同类模式。ART 网络的训练过程如算法 2（Algorithm 2）所示。

Algorithm 2 ART 网络的训练过程

Input: 训练样本数量 n，识别层神经元数量 m，样本与权值向量维度 d；训练数据集 $X = \{\boldsymbol{x}^{(1)}, \boldsymbol{x}^{(2)}, \cdots, \boldsymbol{x}^{(n)}\}$；比较层至识别层的前馈连接权值 $\boldsymbol{W} = \{\boldsymbol{w}_1, \boldsymbol{w}_2, \cdots, \boldsymbol{w}_m\}$；识别层至比较层的反馈连接权值 $T = \{\boldsymbol{t}_1, \boldsymbol{t}_2, \cdots, \boldsymbol{t}_m\}$；警戒阈值 $\rho, 0 < \rho < 1$。

1. 初始化：设置前向连接权值的初始值 $w_{ij} = \dfrac{1}{1+d}$，反馈连接权值的初始值为 $t_{ji} = 1$，警戒阈值 $\rho, 0 < \rho \leqslant 1$
2. **for** $k = 1$ to n **do**
3. 　选择输入数据 $\boldsymbol{x}^{(k)}$ 输入比较层，计算激活值：$s_j = \boldsymbol{w}_j^{\mathrm{T}} \boldsymbol{x}^{(k)}$
4. 　选出激活值最大的神经元 g: $g = \arg\max_{j=1}^{m}(s_j)$
5. 　计算反馈连接权值向量与输入模式向量的相似程度，比较相似程度是否大于警戒阈值 ρ：如果 $|\boldsymbol{t}_g{}^{\mathrm{T}} \boldsymbol{x}^{(k)}|/|\boldsymbol{x}^{(k)}| > \rho$ 则转入第 7 步，否则继续第 6 步
6. 　取消识别结果，将神经元 g 排除在识别范围之外，返回第 5 步。当所有已记忆过的神经元都不满足上式时，则在输出层还未规定输出值的神经元中任选一个作为输入模式 $\boldsymbol{x}^{(k)}$ 的分类结果，并令该神经元为神经元 g
7. 　更新连接权值：$w_{ig} \leftarrow \dfrac{t_{ig} x_i^k}{0.5 + \sum\limits_{i=1}^{n} t_{ig} x_i^k}$，$t_{ig} \leftarrow t_{ig} x_i^{(k)}$，$i = 1, 2, \cdots, d$
8. **end for**

Output: 模型权值 $\boldsymbol{W}$。

ART 网络采用非离线学习的方式，即不是对输入样本提前统一训练后才开始用于推理，而是边学习边运行的实时在线增量学习的方式。每个输出神经元可以看成一类相似样本的代表，每次最多产生一个获胜输出神经元。当输入样本距离某一个神经元的权值向量较近时，代表它的输出神经元才响应。可以通过调整警戒门限的大小来调整模式的类别数。ART 网络可以保证在适当增加网络规模的同时，在过去记忆的模式和新输入的训练模式之间作出某种折中，最大限度地接收新知识（灵活性）的同时保证较少影响过去的模式样本（稳定性）。

2.3.2 ART 网络的拓展

ART 网络学习的结果在很大程度上取决于训练数据的处理顺序。虽然使用较低的学习速率可以在一定程度上降低这种影响，但无论输入数据量的大小如何，这种影响都会存在。因此，ART 网络不具有稳定学习的一致性特性。为了解决 ART 的不足，后来出现了很多改进方法。

ARTMAP [26] 也称为 Predictive ART，将两个略微修改的 ART 单元组合为一个监督学习结构，其中第一个单元输入训练数据；第二个单元输入对应的标签，用于对第一个单元中的警戒阈值进行最小可能的调整，以使其能进行正确的分类。Fuzzy ART [27] 将模糊逻辑运用到 ART 的模式识别中，从而增强了模型的泛化性。Fuzzy ART 引入了辅助编码将特征缺失也作为一种模式类别，这对防止引入无效和不必要的类别有很大帮助。但是，Fuzzy ART 对噪声数据非常敏感。LARART（Laterally Primed Adaptive Resonance Theory）神经网络使用了两个 Fuzzy ART 网络，创建了一种基于学习关联的预测方法。两个 Fuzzy ART 网络的结合具有很好的稳定性，使系统可以快速收敛到稳定的状态。Fuzzy ARTMAP [28] 在 ARTMAP 的基础上更换为 Fuzzy ART 单元，使整体性能得到了提高。后来，Simplified Fuzzy ARTMAP（SFAM）[29] 对其进行了简化，提出了专门用于分类任务的简化版。Gaussian ART [30] 使用高斯激活函数和基于概率的方式进行计算，与高斯混合模型有一些相似之处。与 Fuzzy ART 相比，它对噪声不太敏感，但是学习表示的稳定性有所降低，这也导致了在开放式学习任务中的类别增加过多。Hypersphere ART [31] 与 Fuzzy ART 相似，但是使用了不同的类别表示空间。因为使用了超球面进行表示，所以不需要将输入归一化为 $[0,1]$ 区间，并且可以使用基于 l_2 范数的相似性度量方法。TopoART [32] 将 Fuzzy ART 与拓扑学习进行了结合，使其具有了增量学习的能力。此外，TopoART 将类别汇聚为群簇，由此解决了原始 ART 模型依赖处理顺序的问题，因为群簇的形状不依赖于相关类别的创建顺序。

2.4　生长型神经气

Neural Gas [33] 是由 Thomas Martinetz 和 Klaus Schulten 提出来的一种基于自组织映射网络的竞争型神经网络，其目的同样是寻找数据的最优表示。该方法取名为“Neural Gas”是因为特征向量在自适应的动态变化过程中会像气体一样分布在数据空间中。Neural Gas 被广泛应用于数据降维和向量量化任务，包括语音识别、图像处理、模式识别和聚类等任务。

给定符合概率分布为 $P(\boldsymbol{x})$ 的数据向量 $\boldsymbol{x}$ 和有限的特征向量 $\boldsymbol{w}_i, i = 1,2,\cdots,N$。在每个时间步 t 时刻，会从 $P(\boldsymbol{x})$ 中随机采样一个数据向量 $\boldsymbol{x}$，那么特征向量到给定数据向量的距离范数 x 也就确定了。令 i_0 表示与 $\boldsymbol{x}$ 最近特征向量的索引，i_1 为第二近特征向量的索引，并且 i_{N-1} 为最远特征向量的索引。接下来，特征向量通过如下方式进行更新：

$$\boldsymbol{w}_{i_k}^{t+1} = \boldsymbol{w}_{i_k}^{t} + \varepsilon \cdot \mathrm{e}^{-k/\lambda} \cdot \left(\boldsymbol{x} - \boldsymbol{w}_{i_k}^{t}\right), \quad k = 0,1,\cdots,N-1$$

其中 ε 表示自适应步长，λ 表示邻域范围，这两个参数都随时间步数 t 的增加而降低。经过足够多的自适应调整步数后，特征向量会以最小的表示误差来表示整个数据空间。Neural Gas 这种自适应调整的方法与代价函数进行梯度下降的优化方式类似。与在线 k-means 聚类相比，Neural Gas 通过自适应调整最近的特征向量，同时调整所有特征向量，并且步长随距离范数的增加而减小，可以实现更稳定的收敛。但是对于这种算法，需要事先指定神经元的数量和神经网络的结构，不能够在学习的过程中根据输入数据的特性调节与适应。

Neural Gas 不会删除节点，也不会创建新节点。但是，对于无监督学习的场景来说，大多数情况下是无法预先知道输入数据空间的拓扑分布的。因此，Bernd Fritzke 在 Neural Gas 的基础上提出了生长型神经气 [34]（Growing Neural Gas，GNG）算法，这是一种允许实时输入数据自适应聚类的算法，不仅可以将空间划分为群簇，还可以基于数据的特性确定具体类别数量。

GNG 以两个神经元开始，不断变化神经元的数量，同时利用竞争赫布学习规则，在神经元之间建立一系列最佳对应输入向量分布的连接。每个神经元都有一个累积局部误差的内部变量，神经元节点之间的连接设置有一个“age”（年龄）变量。对于 GNG，输入数据是以数据流的方式逐个输入的，每次迭代会按如下方式更新：首先选择与输入数据距离最近的两个节点，并计算它们与当前输入数据的误差距离。累加其中的获胜节点即距离最近节点的误差。同时与获胜节点相连的拓扑邻居节点也以各自的误差大小向当前输入进行移动调整，并且累加所有与获胜节点相连的边的年龄。如果获胜节点和第二近的节点间存在连接，则将这条边设置为 0；否则，在它们之间创建一条边。然后将年龄大于阈值的边和没有连接的节点删除掉。如果当前迭代次数是预定义的创建频率阈值的整倍数，则在误差最大的节点和其拓扑邻居节点中误差最大的节点间插入一个新节点，同时将它们之间的连接删除掉。新节点的误差被初始化为误差最大的节点所更新的误差。最后所有节点的累积误差按给定因子减小。如果未达到停止条件（预定义好的处理数据个数或者最大节点个数），则根据下一个输入数据重复以上过程。GNG 网络的训练过程如算法 3（Algorithm 3）所示。

除 GNG 外，还有一些其他的改进，如 Plastic Neural Gas [35]、Growing When Required（GWR）网络 [36] 和增量 GNG（IGNG）[37] 等。GNG 虽然有了扩展能力，但是非常容易过拟合。同时，GNG 仅根据年龄删除节点，无法确保删除的节点是毫无用处的。可塑性神经气模型通过无监督方式的交叉验证来决定添加和删除节点以解决这个问题，这种方式还可以提高模型的泛化能力。与 GNG 仅能满足增量学习的要求相比，可塑性神经气模型的增长和收缩的能力则更适用于一般的流数据问题。GNG 模型所具有的节点可以不断增长的能力是一个很大的优势，但是网络只有在迭代次数是 λ 的整倍数时才会增长，由此对学习能力造成了一定限制。为了缓解这个问题，GWR 模型只要发现现有节点无法很好地描述输入，就会立即通过添加节点来使网络增长。IGNG 是一种增量学习算法，能够在不降低先前训练的网络能力和忘记旧输入数据的情况下学习新数据，既保留了稳定性也有可塑性。

Algorithm 3　GNG 网络的训练过程

Input: 训练数据集 $X=\{\boldsymbol{x}^{(1)},\boldsymbol{x}^{(2)},\cdots,\boldsymbol{x}^{(n)}\}_{n=1}^{N}$。

1. 在最接近 $\boldsymbol{x}^k$ 的地方有 s 和 t 两个神经元，其权值向量分别为 $\boldsymbol{w}_s$ 和 $\boldsymbol{w}_t$。
2. 更新获胜神经元 s 的局部误差：$E_s \leftarrow E_s + \|\boldsymbol{w}_s - x\|^2$。
3. 平移获胜神经元 s 及其所有拓扑近邻点：$\boldsymbol{w}_s \leftarrow \boldsymbol{w}_s + \epsilon_a(\boldsymbol{w}_s - \boldsymbol{x})$，$\boldsymbol{w}_n \leftarrow \boldsymbol{w}_n + \epsilon_b(\boldsymbol{w}_n - \boldsymbol{x})$。
4. 获胜神经元 s 所有连接的年龄加 1。
5. 如果 s 与 t 之间已存在连接则将其年龄设为 0，否则在它们之间创建连接。
6. 移除所有年龄大于 $\mathrm{age}_{\max}$ 的连接，如果一个神经元的所有连接都被移除，那么该神经元也被移除。
7. 如果当前迭代次数是 λ 的倍数且尚未达到网络的限制尺寸，则插入一个新的神经元 r。
8. 确定一个具有最大局部误差的神经元 u。
9. 在 u 的近邻点中确定一个带有最大误差的神经元 v。
10. 在 u 和 v 中间建立一个居中节点 r，其权值向量 $\boldsymbol{w}_r = 0.5(\boldsymbol{w}_u + \boldsymbol{w}_v)$。
11. 建立 u 与 r 及 v 与 r 之间的连接，替代 u 和 v 之间的边。
12. 更新神经元 u 和 v 的误差，设置神经元 r 的误差：$E_u \leftarrow \alpha E_u$，$E_v \leftarrow \alpha E_v$，$E_r \leftarrow E_u$。
13. 更新所有其他神经元的误差：$E_j \leftarrow E_j - \beta E_j$。

Output: 模型权值 $\boldsymbol{W}$。

2.5　本章小结

增量学习解决了在不破坏原型模式的情况下使用新数据重新训练网络的能力问题。增量学习的根本问题是学习系统如何在不破坏或忘记先前学习的信息的情况下适应新数据。为了解决稳定性-可塑性困境，本章介绍了多种基于竞争神经网络的在线增量学习算法。首先介绍了竞争神经网络的代表方法——自组织映射（SOM）网络，这种方法虽然具有逐步处理新数据的能力，但是不适用于增量学习，因为其节点数是预先定义的。之后虽然自适应共振理论（ART）及生长型神经气（GNG）不需要预定义好网络结构，可以在训练过程中通过节点的插入和拓扑结构的调整来学习到新的信息，但是，前者需要预定义好的警戒阈值，并且容易对模式类别的数量造成很大影响；后者需要预先定义最大节点数，否则只要有新的输入模式出现，节点的插入就会不断进行下去，如果节点数量达到最大值，进一步的输入则会使系统无法进行训练。

本书介绍的自组织增量学习神经网络（SOINN）是以解决以上方法的不足为目的而研究得来的新型神经网络模型。SOINN 的学习算法是完全增量式的，这不仅表现在学习过程的线性上，更重要的是学习结果的增量性。后面内容将围绕 SOINN 展开。

第 3 章

自组织增量学习神经网络

上一章介绍了多个经典的自组织神经网络算法，本章将更为细致地介绍其中的一个模型，即自组织增量学习神经网络（Self-Organizing Incremental Neural Network，SOINN），希望读者在对该算法有所了解的基础上，能够更好地理解更多的同类算法。

从认知科学的角度出发，在人类保存概念知识的模型构建上使用包含关键特征的抽象原型来描述类别的平均趋势作为一种合理的猜想已经经过实验的验证 [38]。读者也可以自行想象这样的场景，假如让你描述“狗”这个类别，你是否会想起这种可爱动物的几种平均样貌及经典特征，如毛茸茸的外表、黑色的狗鼻子、伸出来的舌头等，即使这并不是实际存在的一只狗？

将上述算法抽象为机器学习所使用的算法模型，这类算法通常称为“基于原型（prototype-based）的算法”或“矢量量化（Vector Quantization，VQ）算法”。原型算法通常将同一个类别或同一个高度聚集的输入向量表示为一个原型向量。我们仍然以一个表示狗的向量为例，其包含的多维度特征分别表示狗外形特征，因此可能会对应舌头长度、几只脚、是否有尾巴、是否有皮毛等。那么，一个表示狗的原型向量为 [舌头 = 长, 脚 = 4, 尾巴 = 有, 皮毛 = 有, ...]。除使用原型作为分类或聚类依据外，当将多个输入向量表示为原型向量时，其与其他输入向量之间的计算可以转换为原型向量之间的计算，该向量也可以通过多个原型向量的二值化编码表示，以达到数据压缩的目的。一个简单的原型算法例子是 k 近邻（k-Nearest Neighbor，k-NN) 算法，其可用于输入向量的分类问题。当将所有输入向量都作为原型进行保存和计算时，该算法可以通过 k 个最相似原型进行投票来决定待预测向量的标签。该原型算法的原型学习过程代价为 0（即完全没有进行学习），而原型相似度比较的代价则为整个输入向量的规模。其余原型算法则在这两个指标中进行了权衡，即增加了原型学习的代价，同时减少了预测时所需要比对的原型向量数量。

原型算法中的神经网络模型通常使用神经元节点保存特征向量，与现在的深度神经网络使用连接对应网络权值矩阵不同，自组织神经网络的连接通常起到了描述神经元之间拓扑结构的作用，这种连接通常与神经元所包含的特征向量之间的相似度相关，而非可学习的权值矩阵。即使连接增加了权值参数，其通常也是通过相似度的函数计算得到的，而非经过损失函数的训练得到的。具体来说，本章介绍的 SOINN 中学习到的连接更类似于生物神经元的连接模式：相互连接表明这两个神经元同时被激活的可能性更高。因此，被激活的获胜原型在进行学习时，其相互连接的邻居节点也通常会相应进行幅度更小的学习。同时，在学习过程中，同时激活的神经元会产生新的连接，而多次只有一边神经元激活的连接则会被删除。

本章所介绍的 SOINN 算法在无监督的增量学习（incremental learning）环境下进行学习。举例来说，一开始的训练数据集里只包含猫和狗两种类别的无标签数据。在模型训练完成后，研究人员又搜集到了鸟和昆虫两种数据。尽管没有类标进行标识，但是后续的数据分布显然与猫和狗的不同，如果直接使用已有神经元学习鸟和昆虫的输入向量，它就无法表示之前学习过的猫和狗数据，这也就是前文所提及的稳定性–可塑性困境（stability-plasticity dilemma）。为使得网络能够持续容纳更多知识，SOINN 采用阈值系统对神经元的增加和删除进行控制，使其能够在新任务来临时扩张网络规模的同时尽量避免减少解决旧任务的原型数量，并且对描述同一个数据分布的原型数量也进行软性的控制，避免神经元无限制地增长用于描述已经足够表示的数据分布。除此之外，使用阈值控制也带来其他的优势。SOINN 算法能够自主适应性地进行学习，减少对于目标信息的先验知识的要求，如类的数量、每个类节点数量等，这些都能够通过网络的不同学习模块进行控制，无须随机初始化所有节点。节点之间的连接作为对数据分布的拓扑结构表示，同时也使得可能因噪声数据而生成的节点更容易成为孤立节点从而在学习过程中被移除。

本章将介绍最初提出的基本 SOINN 算法，力图分析 SOINN 模型的每个学习模块在整体学习过程中发挥的作用，从而帮助读者了解 SOINN 算法的原理。

3.1 SOINN 的网络结构与学习流程

初始 SOINN [10] 是由两层拓扑结构组成的无监督竞争学习神经网络，第一层学习将所有输入向量表示为神经元节点集合及其拓扑结构的连接集合，第二层则将已学习的节点作为输入进行同样的 SOINN 学习流程以稳定学习结果，获得最终的拓扑结构表示。如果使用每个节点中保存的向量来表示这个节点，SOINN 的两层结构学习过程如图 3.1 所示。可以看到，学习的结果是得到节点（第二幅图的黑色圆点与第三幅图的红色空心圆点）及其连接（第三幅图的蓝色边）形成的拓扑结构，而这些结构实际上形成对第一幅图的数据的简化，同时也形成无监督数据的决策边界（decision boundary）。如果使用拓扑节点进行无监督数据的聚类，可以将处于该聚类节点激活范围内的输入特征归为该簇（cluster）的数据。因此，SOINN 的学习作为数据处理的第一个步骤，完全可以用于多种下游任务的预先处理。

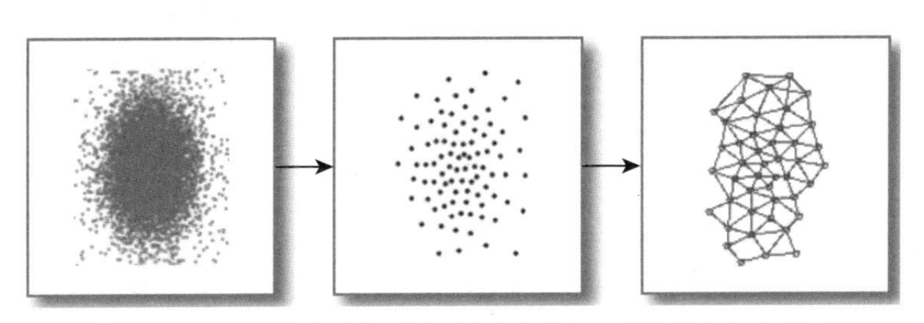

图 3.1　SOINN 的两层结构学习过程（图源：参考文献 [39]）

还可以查看在更为复杂的人工数据集上的学习结果，如图 3.2 所示。可以看出，对于各种不同形状的 2 维特征，SOINN 都能够通过拓扑结构很好地表示它们的分布。同时，全场分布的无规律噪声数据也并没有影响 SOINN 的学习结果，证明该方法确实具有一定的抗噪性能。

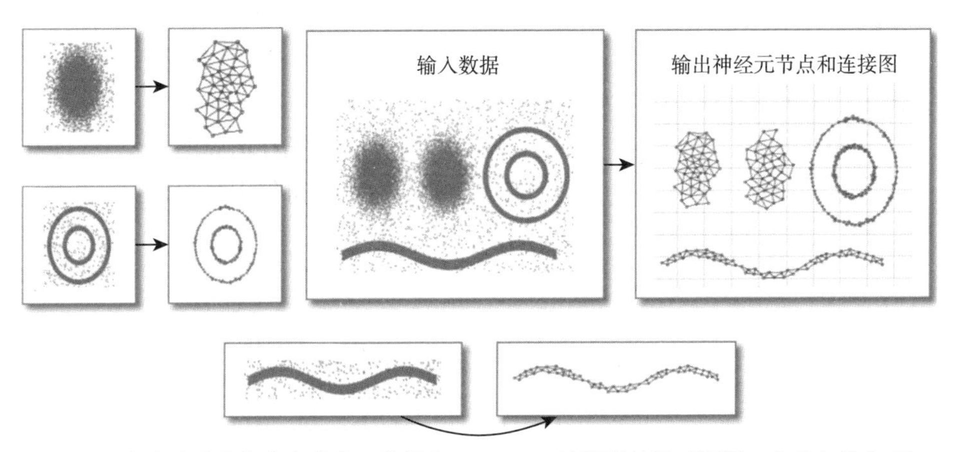

图 3.2　在多种非高斯分布的人工数据上，SOINN 的聚类结果（图源：参考文献 [39]）

下面先大致介绍整体的学习流程，让读者对 SOINN 有一个初步印象，再从各个细节详细分析这些算法部分的设计思路。

SOINN 模型总体上可以看成由节点集合 $\mathcal{A}$ 和边集合 $\mathcal{C}$ 组成的。这里的节点如前所述，保存着与输入向量相同维数的特征向量。当输入向量到来时，模型中只有与其最相关的两个节点能够被激活，并根据输入特征进行学习。对于节点激活的条件，我们规定了一个重要属性“激活阈值”，只有输入向量落在特征向量的阈值范围内，该神经元节点才能被激活；否则，即使它是与输入向量最相似的特征向量，也不能被激活。这保证了网络为新的数据分布增加神经元节点的功能。边则代表着两个节点之间的连接，两个存在边的节点称为邻居节点。边的重要属性称为“年龄”（age），用于衡量这条边的两个节点是否经常同时被激活，当未被同时激活时，这条边的年龄会增加；当被同时激活时，年龄将被重置为 0。如果两个相互连接的节点多次只有一方被激活，我们认为这两个节点的关联很少，应该删除这两个节点之间的连接。下面是对上述学习流程更详细的介绍。

1. 模型初始化

SOINN 模型的学习过程是一种“从三开始”的学习，即在初始阶段，节点集合初始化为前两个输入向量的集合，边集合则初始化为空集。

2. 竞争学习

当一个新的输入向量到来时，我们计算所有节点的特征向量与该输入向量之间的欧式距离作为相似度衡量指标，并选取两个欧式距离最近的节点作为获胜节点和次获胜节点，并查看它们是否被输入向量激活，如果成功激活两个获胜节点，则获胜节点及与它有拓扑连接的邻居节点会向输入向量方向移动进行信息的“吸收”，同时获胜节点与次获胜节点之间会建立或者刷新连接。这是一种被称为“竞争赫布学习”（Competitive Hebbian Learning）的学习方式，这种学习方式被证明适合用于流形的拓扑结构学习 [2]。当然，这种吸收也并不是毫无条件的，之前计算的两个欧式距离必须同时满足两个节点的阈值，才能够进行学习，否则，即使是很远的“噪声”数据或新模式的输入特征也能够对当前的节点造成影响，这无疑是不合理的。如果不满足上述条件，我们认为该输入为模型带来了新的分布信息，因此需要在 SOINN 模型的节点集合中增加节点来描述它，该新节点的特征向量初始化为该输入向量。在当前学习完成后，我们将从边集合中删除年龄超过年龄阈值的边。

3. 动态调整

每当学习一定时长时，为减小当前 SOINN 模型的学习误差，SOINN 将会进行节点的插入和删除步骤。

4. 插入节点

仔细思考这样一个场景：两个分布的范围大小相同，但是落在两个分布内的特征数量不同，那么作为代表点的节点是否也应该有所体现？为此，我们引入“累积误差”这个概念，即在平常学习过程中累计每个节点作为获胜节点被激活时与输入向量的欧式距离，将其视为这个代表节点表示这一输入向量的误差。这个步骤中，SOINN 模型将会挑选累积误差最大的节点及其累积误差最大的邻居节点，并在它们之间插入一个新的节点，新节点是插值节点，其特征向量将被初始化为两个节点特征向量的均值。当然，这次增加节点的操作也是有条件的，我们需要判断该次插入操作是否显著降低了累积误差，否则就要取消新节点的插入。如果不加以限制，那么随着算法的行进，即使节点已经足以表示目前的输入特征，节点的数量仍然会不断增加。如果成功插入，新的节点与原两个节点之间将会增加连接，并删除原两个节点之间的连接。

5. 删除节点

真实世界的数据通常会受到噪声的影响，这些数据通常表现为远离数据分布的少量数据，如果 SOINN 模型将这些数据也完整地保存下来，将会影响拓扑结构对正常数据表示的准确性，因此需要在学习一段时间后删除可能是噪声的神经元节点。从另一方面思考，两个分布如果靠得比较近，其边缘节点很可能同时被激活并成为邻居，并将两个分布连接起来。以上神经元节点都有一个特征，能够激活它们的输入向量通常较少，因此这些节点处于一个低密度数据的区域。基于该类数据的特征，我们采用如下的启发式规则对其进行处理：查找并删除可能处于密度较低区域的部分节点。如何判断节点处于低密度区域又尽量不删除正常节点呢？可以这样想，低密度区域代表附近的节点较少，那么邻居数量少的节点比其他节点更有可能处于低密度区域；同时，如果一个节点被激活的次数比其他节点少，我们也可以认为它附近出现过的输入特征少，因此它也处于低密度区域。因此，删除两类节点，一类是只有一个邻居且激活次数少于全部节点均值一定程度（如均值$\times 0.1$) 的节点；另一类是没有邻居的节点。通过如上方式，SOINN 模型具有更强的鲁棒性，可以适应更多学习环境。

6. 后续处理

作为无监督学习的尾声，通常还需要将节点分到不同的簇中，从而方便后续任务的处理。由于节点及连接描述了数据的分布，只有相互关联的节点之间才会产生连接，因此我们可以通过连接将节点分成不同的簇，即将所有相互存在通路的节点分为同一个簇。

上述学习流程可以通过图 3.3 总结。SOINN 模型通过竞争学习形成初步拓扑结构，通过一定周期后的微调来完善该拓扑结构，并重复上述流程以获得一个更精确与简要的原型连接图。下面的章节将通过“从点到面”的过程，从神经元出发逐步介绍如何学习 SOINN 模型。

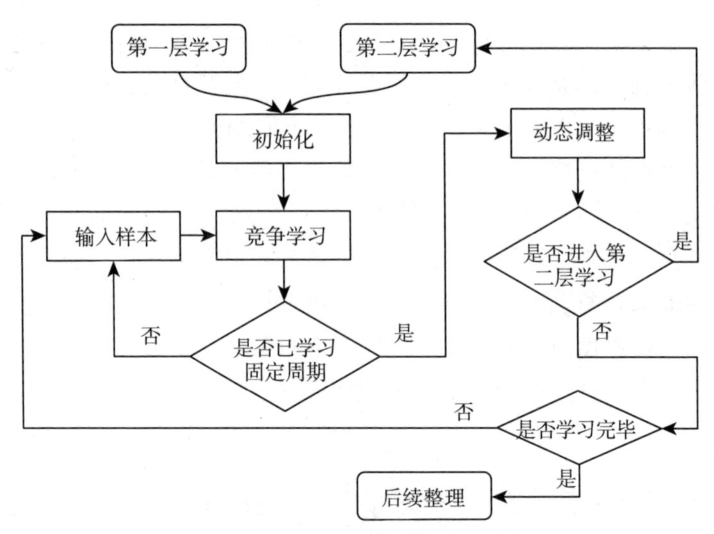

图 3.3　SOINN 模型的学习流程

3.2　SOINN 的原理分析

3.2.1　神经元学习

1. 矢量量化与神经元学习

SOINN 模型中的节点中存储着特征向量，多个原型节点描述了数据的分布信息。可以说，模型节点相当于一个知识库，当有相似的特征输入后，就会立即激活相关节点，检索出相应的知识。那么神经元节点具体是如何从零学习得到的呢？

当我们把目光放到任意一个节点的时候，可以看到它有这样的“生命轨迹”：它由某个具体输入向量初始化并成为模型中的一个新的原型节点。在模型的学习历程中，当有输入向量使得原型节点激活时，原型节点向输入向量位移。多次学习以后，该节点将会慢慢稳定下来，保存它所在局部数据分布的代表性特征向量。

具体来说，使用 $\boldsymbol{w}_i \in \mathbb{R}^d$ 代表第 i 个节点的权值向量，面对激活它的第 t 个输入向量 $\boldsymbol{x}_t \in \mathbb{R}^d$，它作为获胜节点的学习方式为

$$\boldsymbol{w}_i = \boldsymbol{w}_i + \eta(t)(\boldsymbol{x}_t - \boldsymbol{w}_i) \tag{3.1}$$

接下来试试统合多个原型节点来描述数据的整体分布情况，如何通过模型的自主学习得到数量合适、能够代表数据分布的原型节点是矢量量化算法的研究重点。例如，经典算法 k-means 采用了一种交替优化的方法：指定 k 个聚类中心，首先将输入向量划分到与其相似度最高的原型节点所属的簇，然后通

过计算所有属于这个簇的输入向量均值来得到该簇的原型向量，最后在多次计算后，收敛得到的就是 k 个簇的代表原型向量。假定输入向量已经划分完成，下面讨论原型的学习方式。

大部分矢量量化算法可以抽象为如下形式：适量使用一组固定数量的原型向量 $\boldsymbol{w}_i$，也称码书（codebook）向量，作为基向量，则输入向量 $\boldsymbol{x}_t$ 可以表示为原型向量的线性组合，从而将输入向量从高维数据转化为低维的系数表示乘以少量的高维基底得到的向量 $\boldsymbol{w}_{i(x)}$。该类方法的学习方案通常是最小化重构误差，具体计算方式为

$$E(\boldsymbol{w}) = \int \left\| \boldsymbol{x}_t - \boldsymbol{w}_{i(\boldsymbol{x})} \right\|_2^2 p(\boldsymbol{x}) \mathrm{d}\boldsymbol{x} \tag{3.2}$$

其中 $p(\boldsymbol{x})$ 是信号 $\boldsymbol{x}$ 的概率密度函数。$E(\boldsymbol{w})$ 通常情况下并没有闭合形式的最优解，需要通过迭代算法来进行优化。其中最为广泛的是使用基于 Lloyd-Max 条件的 LBG 算法来近似求解。但是 LBG 算法是一种批处理算法，需要所有数据一起进行训练，不能直接用于在线增量的学习环境。

相比之下，随机梯度下降（Stochastic Gradient Descent，SGD）算法用于计算每个输入向量在目标函数上的误差并沿梯度方向进行目标函数的优化，该方法可针对每个到来的向量分别进行，因此适用于在线增量的学习环境。如果我们使用随机梯度下降算法对式 (3.2) 的近似函数进行优化，那么码书向量的更新公式为

$$\boldsymbol{w}_i^{(t+1)} = \boldsymbol{w}_i^{(t)} + \eta(t)\left(\boldsymbol{x}^{(t)} - \boldsymbol{w}_i^{(t)}\right) \tag{3.3}$$

式 (3.3) 用于多种基于原型的无监督拓扑表示方法，如 SOM、NG、TRN 等。SOINN 算法的学习方式也由此而来，但相比这个公式，SOINN 的学习条件将更复杂一些。

2. 竞争学习

上面介绍了“学习”过程，而“划分”通常是通过竞争学习实现的。在自组织网络的学习中，竞争学习是不可或缺的一环。如果所有节点对于输入向量的学习程度是相同的，那么它们最终将几乎收敛到同一向量。我们可以做个简单的实验来展示这一点，该实验如图 3.4 所示。首先随机初始化 10 个分布在 $[0,1]$ 区间的节点，其分布展示在左图中。同时准备由 100 个聚集分布的数据组成的簇，其分布展示在中间图中。在学习过程中，采用简单的单调递减学习率 $\eta(t) = 1/(t+1), t = 1,2,\cdots,100$ 来保证节点学习的收敛，采用公式 $\boldsymbol{w}_i = \boldsymbol{w}_i + \eta(t)(\boldsymbol{x}_t - \boldsymbol{w}_i), i = 1,2,\cdots,10$ 来对所有原型节点进行更新。可以看出，在经过 100 次更新后，随机初始化的节点如右图所示，几乎收敛到了同一

节点，失去了表示数据分布的能力。因此，在该类算法中，选择合适的节点进行更新是必要的。

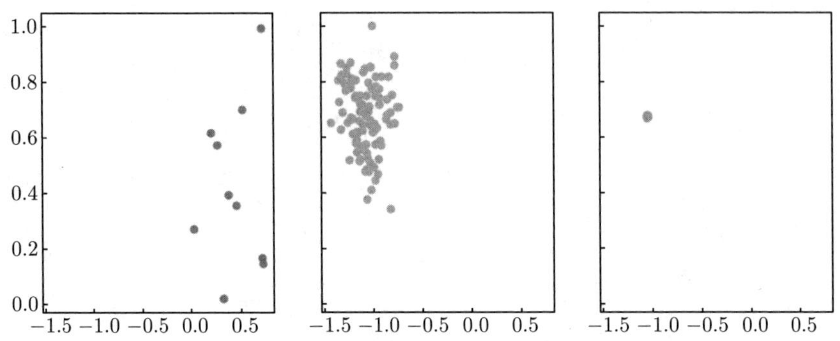

图 3.4　一个简单的实验，验证为何自组织学习不能没有竞争：随机初始化的原型节点，在经过多次学习之后几乎收敛到了同一节点

下面将向量划分与原型学习两个步骤结合在同一个公式中。

已有多项研究得出，在前面的码书向量的更新值上增加一个邻域函数来控制不同码书向量对输入的反应程度可以形成具有空间有序性的映射，即 $\boldsymbol{w}_i$ 的更新公式为

$$\boldsymbol{w}_i^{(t+1)} = \boldsymbol{w}_i^{(t)} + \eta(t)h\Big(\boldsymbol{x}^{(t)}, \mathcal{W}, \sigma\Big)\Big(\boldsymbol{x}^{(t)} - \boldsymbol{w}_i^{(t)}\Big) \tag{3.4}$$

其中 $\mathcal{W} = \boldsymbol{w}_1, \boldsymbol{w}_2, \cdots, \boldsymbol{w}_k$，$\sigma$ 是调整邻域函数的参数。通常情况下，h 的存在使得只有距离输入模式最近的那些码书向量能够参与竞争并向输入数据移动，这些向量或者在输入空间相邻 (如 NG、TRN、GNG 等)，或者在神经元所在的低维空间相邻（如 SOM 等）。网络收敛的结果是输出的码书向量与输入向量之间形成一种空间有序的映射关系，即相邻的向量编码相似的输入模式。这种节点竞争激活，只有获胜者才能够进行更新的学习模式称为竞争学习（competitive learning），也称为胜者通吃（winner-take-all）。总之，当不考虑连接关系时，SOINN 的所有节点中只有获胜节点获得了更新。

SOINN 模型的学习采用了相同的策略。当 $\boldsymbol{x}_i$ 输入以后，要先计算其与所有节点向量之间的欧式距离来选择被激活的获胜节点 s_1 与次获胜节点 s_2，并只更新获胜节点与其相邻节点。寻找获胜节点的公式可记为

$$\begin{aligned} s_1 &= \underset{a\in\mathcal{A}}{\operatorname{argmin}} \|\boldsymbol{x}_i - \boldsymbol{w}_c\| \\ s_2 &= \underset{a\in\mathcal{A}\backslash s_1}{\operatorname{argmin}} \|\boldsymbol{x}_i - \boldsymbol{w}_c\| \end{aligned} \tag{3.5}$$

如何确定节点之间的邻居关系将在后面章节进行讲解。到目前为止，已经

确定了如何选择合适的节点进行学习，接下来还有一个小的细节需要确定，即如何设定学习率来进行节点的学习。

3. 设定学习率

式 (3.1) 中的学习率函数 $\eta(t)$ 决定节点特征更新的幅度。通常对于逐步优化的梯度下降型学习方式，学习率应该是一个与时间负相关的函数，否则节点将一起跟随输入振荡，无法收敛到稳定结构。考虑到 SOINN 节点并不是每个输入时间点 t 都会进行学习，因此采用节点的激活次数 M_i 作为与时间相关的参数，具体公式为 $\eta(t) = \frac{1}{t}, t = M_i$。该学习率满足约束条件：

$$\sum_{t=1}^{\infty} \eta(t) = \infty, \quad \sum_{t=1}^{\infty} \eta^2(t) < \infty \tag{3.6}$$

综合上面所述，我们可以给出获胜节点的学习公式为

$$\boldsymbol{w}_i = \boldsymbol{w}_i + \frac{1}{M_i}(\boldsymbol{x}^{(t)} - \boldsymbol{w}_i^{(t)}) \tag{3.7}$$

3.2.2　拓扑学习

在自组织网络中，节点的学习需要竞争。相较于 SOM 的固定网格连接，如果我们需要增量式学习节点之间的连接，那么竞争也是必要的学习方式。为形成拓扑结构，节点之间的连接采用竞争赫布学习（Competitive Hebbian Learning）方式，该思想可以简要概括为当输入节点成功激活获胜节点及次获胜节点时，建立或刷新这两个节点之间的连接。同时，在持续进行学习时，节点将通过对输入向量的学习调整其分布。因此，在早期阶段相连的节点在学习后期可能并不是邻居，有必要移除较长时间内没有共同激活的节点之间的连接。

具体来说，SOINN 对每条连接规定了年龄属性，对于连接节点 i 与 j 的连接 c_{ij}，规定年龄参数 $\text{age}_{(i,j)}$，并且在初始化时规定最大年龄参数 $\text{age}_{\max}$。具体学习过程中的做法如下。

- 若输入向量成功激活获胜节点 i 与次获胜节点 j，则连接这两个节点；若它们之间已经建立连接，则刷新其连接的年龄参数 $\text{age}_{(i,j)} = 0$。同时，所有与获胜节点 i 相连接且不为 j 的节点，它们之间的连接年龄增加 1。
- 在每轮学习完后遍历所有连接，如果某条连接的年龄大于 $\text{age}_{\max}$，则删除这条连接。

为理解 SOINN 的拓扑结构，我们需要先介绍 Voronoi 图与 Delaunay 三角剖分（Delaunay triangulation）。假定空间中分布的节点集合为 $\mathcal{S} =$

$\{\boldsymbol{w}_1, \boldsymbol{w}_2, \cdots, \boldsymbol{w}_N\}$，其中节点向量 $\boldsymbol{w}_i \in \mathbb{R}^d$。Voronoi 图的构成单位是由节点组成的 Voronoi 多面体。节点 $\boldsymbol{w}_i$ 所属的多面体 V_i 由所有与该节点距离最近的点组成，即 $V_i = \{\boldsymbol{v} \in \mathbb{R}^d \mid \| \boldsymbol{v} - \boldsymbol{w}_i \| \leqslant \| \boldsymbol{v} - \boldsymbol{w}_j \|,\ i, j = 1, 2, \cdots, N\}$。可以看出，不同节点形成的多面体可以将平面 $\mathbb{R}^d$ 划分为不同的区域，如果将每片区域的边界画出来，可以得到图 3.5(a) 所示的类似“蜂窝”一样的 Voronoi 图划分，中心的点则是每个多面体 V_i 所对应的节点 $\boldsymbol{w}_i$。

Delaunay 三角剖分与 Voronoi 图是对偶的两种结构，Delaunay 三角剖分可以通过连接所有共享边的多面体区域 V_i 包含的节点对构成。其在二维平面上对应的结构如图 3.5(b) 所示。

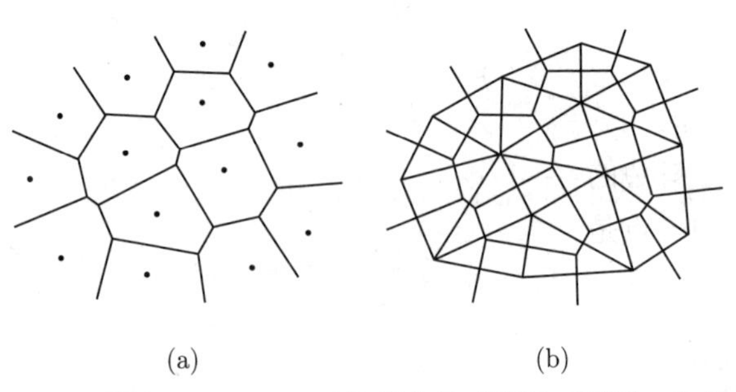

图 3.5　Voronoi 图与 Delaunay 三角剖分的对照图（图源：参考文献 [2]）

可以看出，该结构中 Voronoi 图的中心与 Delaunay 三角剖分的顶点为相同的节点，Voronoi 图的每条边界都对应 Delaunay 三角剖分的一条边。粗略上我们可以理解为，每个节点代表合适大小的接受域（receptive field），输入向量若落在这个区域内，则该节点被激活。

该结构擅长解决“邻近问题”（proximiity problem），即计算在当前度量空间中两个向量之间的距离，这类任务是数据处理中常见的任务。例如，如果试图解决“在数据库中检索最匹配的目标”问题，一种方案是使用 k 近邻方法在输入样本的某种度量空间中解决（可能直接就可以在原始空间中搜索，也可以经过特征提取等前置操作后在嵌入空间中搜索）。Voronoi 图能够提升搜索的效率，例如，参考文献 [40] 提到，该结构可以 k-NN 的搜索复杂度从 $O(N)$ 优化为 $O(\log N)$。

参考文献 [2] 已经证明，通过竞争赫布学习连接节点，最终将形成节点对应的 Voronoi 图。直观上可以这样理解：如果输入向量激活了获胜节点和次获胜节点，获胜节点必然为当前输入向量所在 Voronoi 图的节点，那么次获胜节点所属的 Voronoi 多面体必然与获胜节点的接受域相交，也就是它们的区域之间存在一条边界。SOINN 中的连接对应了这条边界，也正是三角剖分的边。因此，通过该学习方式，拓扑结构的每条边都将属于 Delaunay 三角剖分，并且该图在非常一般的意义上是最优拓扑保持的。SOINN 中的邻居节点实际上也对应了 Delaunay 三角剖分中的相邻节点。

在增量学习过程中，连接的形成并非永久的。因为节点通常会有位置的调整，初始形成的节点可能带着连接移动了位置，此时相互连接的节点可能不再属于相邻的 Voronoi 多面体。另外，在线增量学习的结果与输入顺序也有很大关系。如果初始输入的两个向量位于其数据分布的两端并且形成了连接，那么在后续学习中位于分布中心的位置仍然需要增加新的节点来表示，初始这两个邻居节点在经过一段时间的学习后就不再是节点了。当然，如果这两个节点经常同时被一个输入样本触发，那么仍然可以认为它们是 Delaunay 三角剖分的相邻节点。

因此，引入连接上的年龄参数 $\text{age}_{(i,j)}$ 来解决这个问题。当这两个节点 i,j 同时作为获胜节点与次获胜节点时，刷新 $\text{age}_{(i,j)}=0$，并且增加获胜节点所有连接的年龄。如果有边的年龄超过参数 $\text{age}_{\max}$，则删除这条连接。

还需要注意的一点是，当一个节点的邻居成为获胜节点并进行学习时，该节点也会相应地进行学习。当然，学习幅度相比获胜节点应该更小。具体到计算公式上为

$$\boldsymbol{w}_i=\boldsymbol{w}_i+\frac{1}{100M_i}(\boldsymbol{x}^{(t)}-\boldsymbol{w}_i^{(t)}) \tag{3.8}$$

3.2.3　自适应阈值

当节点形成 Delaunay 三角时，就能够根据其拓扑邻居的特征向量获得该节点的接受域，即在该特征向量取值范围内的输入向量到该节点的欧式距离相比其他邻居节点要近。当然，该欧式距离将显然小于输入向量与其他不是邻居的节点的欧式距离。当输入向量无法激活任一节点时，我们认为输入向量来自 SOINN 未见过的数据分布，因此需要产生新的节点来描述它，如图 3.6 所示。

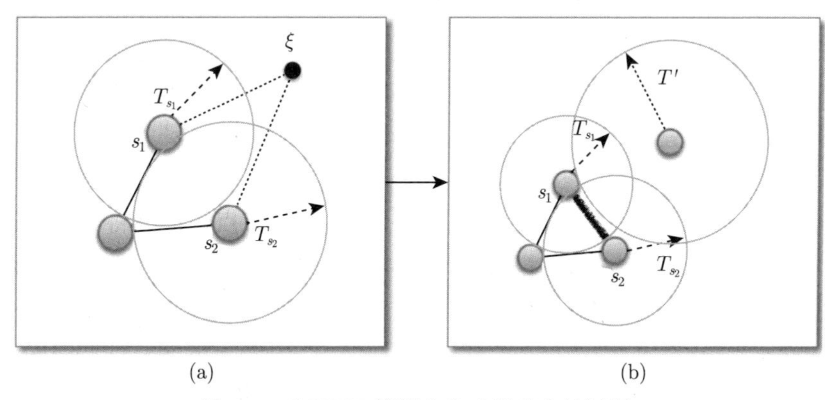

图 3.6　SOINN 模型中生成新节点的过程

当节点形成 Voronoi 多面体时，我们将其与最远邻居的欧式距离作为激活阈值，该阈值保证该节点能够作为获胜节点或次获胜节点而激活。

3.2.4 节点激活的阈值

在满足获胜节点及次获胜节点阈值的条件下，输入节点属于已学习节点的 Voronoi 多面体。具体计算方式为

$$\|\boldsymbol{x}_i - \boldsymbol{w}_{s_1}\| \leqslant T_{s_1} \text{ 且 } \|\boldsymbol{x}_i - \boldsymbol{w}_{s_2}\| \leqslant T_{s_2} \tag{3.9}$$

当输入向量满足上述两个阈值条件时，则认为该输入向量可以被两个获胜节点吸收，是 SOINN 模型中已经学习到的知识；否则，需要新建一个节点来表示其所处的 Voronoi 多面体，并将这个节点的特征向量将初始化为 $\boldsymbol{x}_i$。因此，当节点 a_i 有邻居时，邻居集合记为 $\mathcal{N}_i$，其激活阈值 T_i 在需要时应更新为与最远邻居的距离：

$$T_i = \max_{c \in \mathcal{N}_i} ||\boldsymbol{w}_i - \boldsymbol{w}_c|| \tag{3.10}$$

这样能够保证激活该节点的输入特征位于多面体 $V = \{v \in \mathbb{R}^d \mid \| \boldsymbol{v} - \boldsymbol{w}_i \| \leqslant \| \boldsymbol{v} - \boldsymbol{w}_j \|, \| \boldsymbol{v} - \boldsymbol{w}_k \| \leqslant \| \boldsymbol{v} - \boldsymbol{w}_j \|,\ i, j = 1, 2, \cdots, N, k \in \mathcal{N}_i, j \neq i, k\}$ 上。

如果该节点没有邻居该如何计算阈值呢？若将一组相互连接的节点考虑为一个整体，即一个簇，则没有邻居的节点为单独的一个簇，它的激活范围不应与其他的簇重叠。因此，其激活阈值应为其他距离最近节点的距离，即

$$T_i = \min_{c \in \mathcal{A} \backslash a_i} ||\boldsymbol{w}_i - \boldsymbol{w}_c|| \tag{3.11}$$

在第二轮学习中，由于节点已经通过连接被分为不同的簇，我们认为节点已经基本形成能够描述数据结构的拓扑结构，并且节点特征能够描述数据的分布。因此，在学习时可以采用预先计算好的固定阈值，不需要再对阈值进行调整。我们可以启发式地认为，节点的激活阈值必须大于所有连接节点之间的距离均值，同时也应该小于不同簇之间的距离，这两个距离分别称为类内距离（within-cluster distance）d_w 及类间距离（between-cluster distance）d_b。类内距离的具体计算方式为计算所有存在连接的节点之间的距离均值，即

$$d_w = \frac{1}{|\mathcal{C}|} \sum_{(i,j) \in \mathcal{C}} \|\boldsymbol{w}_i - \boldsymbol{w}_j\| \tag{3.12}$$

其中 $(i, j) \in \mathcal{C}$ 表示连接集合 $\mathcal{C}$ 中存在节点 i 与节点 j 的连接。

我们将属于两个不同的簇 $\mathcal{C}_i$ 与 $\mathcal{C}_j$ 的节点中距离最大的两个节点之间的距离作为这两个簇的类间距离 d_b，即

$$d_b(\mathcal{C}_i, \mathcal{C}_j) = \max_{i \in \mathcal{C}_i, j \in \mathcal{C}_j} \|\boldsymbol{w}_i, \boldsymbol{w}_j\| \tag{3.13}$$

当然，由于噪声数据或者簇间重叠的数据影响，类间距离不一定会大于类内距离，因此我们抛弃小于类内距离的类间距离，进而选取大于类内距离的，且取值最小的类间距离作为所有节点的激活阈值 T_c。将上述过程使用公式可以具体描述为

$$T_c = \min_{\mathcal{C}_i,\mathcal{C}_j} d_b(\mathcal{C}_i, \mathcal{C}_j) \tag{3.14}$$

$$\text{s.t.} \quad d_b(\mathcal{C}_i, \mathcal{C}_j) \geqslant d_w \tag{3.15}$$

此时计算出所有类间距离并进行排序，按序选取最小值直至满足条件即可得到第二层学习时所有节点的激活阈值 T_c。在学习中，无须再对节点的激活阈值进行更新。

3.2.5 网络的“定期检查”

在 SOINN 进行一定步骤的学习之后（在具体学习时，将这个步骤数量设定为参数 λ 的整数倍），我们将对网络进行一次“定期检查”，包括在累积错误较多的区域增加节点，以及删除可能是噪声的节点。这些操作必须在网络具备一定规模之后才能够进行，如果在每次学习之后都进行节点的清理，那么新增的节点可能被删除；如果每次都进行新节点的插入，可能网络的节点将无限制地增长。在实际使用中，λ 参数通常设置为 500、1000、5000 或 10000 等，具体设定依据数据集的大小而定。

1. 降低节点累积误差

当两个节点距离在初始状态下距离过远时，它们可能由于其阈值范围过大使得当前范围内节点的数量过少。增加修正节点需要在之前的计算过程中记录节点的累积误差，对于节点 i，当它成为输入 $\boldsymbol{x}_t$ 的获胜节点时，我们记录它的累积误差 $E_i = E_i + ||\boldsymbol{x}_t - \boldsymbol{w}_i||$。累积误差代表每次激活它的输入节点与它的距离，如果该节点的周围节点过少，那么很大范围内的输入样本都能够激活它，则我们认为应该增加一个节点来辅助它进行拓扑结构的表示。同时，引入“错误半径”参数 $R_i = E_i/M_i$ 来描述节点对输入特征表示错误的程度。

首先，选取累积误差最大的节点，也是最需要插入新节点的区域进行：

- 从节点集合中选取累积误差最大的节点 q，$q = \arg\max\limits_{c \in \mathcal{A}} E_c$；
- 从 q 的邻居节点中选取累积误差最大的节点 f，$f = \arg\max\limits_{c \in \mathcal{N}_q} E_c$。

其次，插入节点是通过插值的方式插入的，因此它应该继承两个插值节点的参数。同时，插入并不是一定成功的，我们需要判断该节点的插入是否降低了原始节点的错误程度。如果没有减少，那么应该撤销这次插入。具体计算方式如下：

- 增加从 q 和 f 得到的插值节点 r，其权值向量 $\boldsymbol{w}_r = (\boldsymbol{w}_q + \boldsymbol{w}_r)/2.0$;
- 设定插值节点的参数，包括累积误差 $E_r = \alpha_1(E_q + E_f)$，累积激活次数 $M_r = \alpha_2(M_q + M_f)$，错误半径 $R_r = \alpha_3(R_q + R_f)$;
- 减少节点 q 和 f 的错误半径，$E_q^{(\text{new})} = \beta E_q$, $E_f^{(\text{new})} = \beta E_f$;
- 减少节点 q 和 f 的激活次数，$M_q^{(\text{new})} = \gamma M_q$, $M_f^{(\text{new})} = \gamma M_f$;
- 判断插入是否成功：如果在 q, r, f 中任意一个节点修正后的错误半径比原来要大，即 $E_i/M_i > R_i, \forall i \in \{q, r, f\}$，那么修正都是不成功的，新的节点将被移除，修正的错误半径即激活次数将恢复原样;
- 如果插入成功，那么在 r 与 q 和 r 与 f 之间都生成一条新的连接，并移除原本处于 q 与 f 之间的连接。

那么为何选择这种插入方式，以及中间的参数是如何确定的呢？我们选择采用参考文献 [10] 中的例子，即图 3.7 进行说明。对于目前已学习到的节点 q，f，我们将这两个节点的 Voronoi 多面体表示在图 3.7 的左图中，实线划分了两个节点的区域 V_q（实线左侧）和 V_f（实线右侧）。对于新插入的节点 r，我们将其与 q 的边界表示在右图中。假设输入特征在这些 Voronoi 区域是均匀分布的。比较左右两个图可以发现，大约四分之一的累积激活次数应该被分配给新的节点 r，即落在这些区域内的输入特征本应该激活 r 而非 q 和 f，而剩余区域的输入特征仍然能够激活 q 和 f。而对于累积误差，考虑欧式距离，我们可以大致认为在 V_1 区域的输入特征造成的误差是 V_2 区域的两倍。那么在插入节点 r 之后，节点 q 和 f 的误差都应该降至原来的三分之二。同样地，我们可以假设位于 V_1 区域的输入特征对节点 r 所产生的误差与位于 V_2 区域的输入特征对节点 q 所产生的误差相同。因此，重新分配的 r 的累积误差是 E_q 和 E_f 的六分之一。

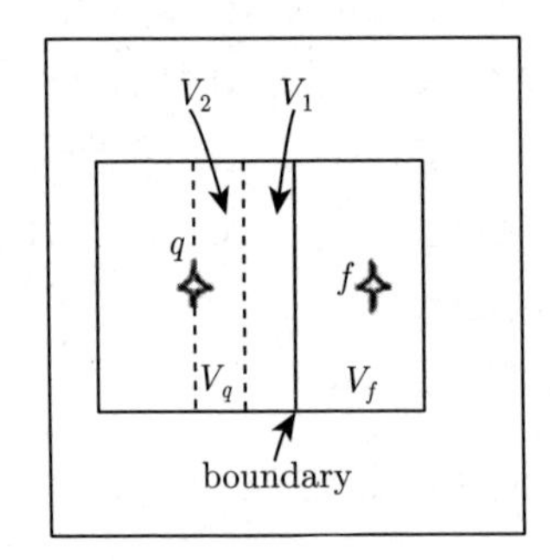

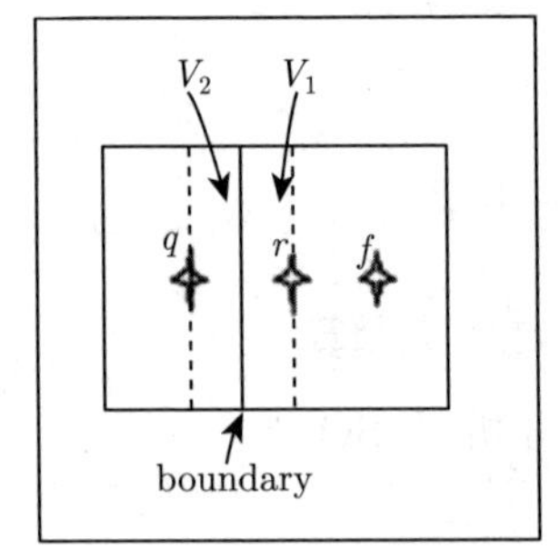

图 3.7　展示不同节点的 Voronoi 区域（图源：参考文献 [10]）

基于上述分析，最终的参数将确定为 $\alpha_1 = 1/6$, $\alpha_2 = 1/4$, $\alpha_3 = 1/4$, $\beta = 2/3$, $\gamma = 3/4$。当前，上述分析建立在输入特征在 Voronoi 区域均匀分布的基

础上，而这个条件对真实世界的数据集并不一定成立。尽管如此，读者对该参数的设定也不用过于担心，参考文献 [10] 通过实验证实该参数对结果的影响并不大。因此，尽管上述参数设定对其他数据集并非最优的，但是能够得到与其他参数几乎相同的实验结果。

2. 删除不必要的节点

如果 SOINN 模型只有增加节点的功能没有删除的功能，它就无法把错误学习的节点从网络中清除出去。在实际应用中，输入数据中往往存在噪声或者离群点，这会导致 SOINN 为它们生成不必要的节点。因为这些噪声往往与之前学习到的分布差异性较大，所以会产生许多新的节点。而这些节点在测试数据中并不会被使用到，反而增加了计算的负担。另外，随机的输入顺序也会使得 SOINN 的结果出现不稳定的现象，这是基于竞争学习的神经网络不可避免的问题。为了缓解这一问题，SOINN 会在“定期检查”中查找并删除可能处于密度较低区域的部分节点，因为这种节点很可能是由于数据中存在噪声点产生的，不能反映原始数据的分布信息。此外，在两个距离比较近的聚类交界处，数据点的密度也会明显低于聚类的中心区域，因此删除这部分节点及与它相关的连接使 SOINN 能够稳定地把两个不同的聚类区别开来。

在 SOINN 中，一个节点成为获胜者的次数和它的邻居个数被用来判断它是否处于数据密度较低的区域。如果一个节点没有或者只有一个邻居节点，而且成为获胜者的次数低于当前神经元的平均次数一定比例，就会被删除，同时移除所有与它相关联的边，其中自定义参数 c 用于控制这个比例。节点的删除操作使得 SOINN 在有噪声的环境下具有一定的鲁棒性, 而参数决定了 SOINN 进行去噪过程的频率, 通过调整它以适应不同的输入环境。

因此，删除节点的具体操作步骤可以描述如下：

- 搜索节点集合中只有一个邻居的节点，并且比较这些节点的累积激活次数。如果节点 i 的累积激活次数 M_i 较少，即 $M_i < c \times \text{mean}(M_j)$，就删除该节点；
- 删除所有无邻居的节点。

3.2.6　SOINN 完整算法描述

在详细分析了 SOINN 的每个细节之后，SOINN 的训练过程如算法 4（Algorithm 4）所示。

算法 4 的训练过程对于第一层网络和第二层网络的学习基本都适用，唯一的区别是第二层节点的学习过程采用了固定而非适应性的阈值。第一层学习完所有输入样本后，将第一层学习得到的节点作为输入样本进行第二层的学习，从而得到最终的节点集合与连接集合。

Algorithm 4 SOINN 的训练过程

Input: 年龄参数 $\text{age}_{\max}$，整理轮数参数 λ，训练数据流 $\mathcal{S}_{\text{train}}$。

1. 初始化神经元集合 $\mathcal{A}=\{a_1,a_2\}$，初始的两个神经元 $\{a_1,a_2\}$ 的权值 $\boldsymbol{w}_1,\boldsymbol{w}_2$ 使用训练数据中先被输入的两个向量进行初始化；初始化边集合 $\mathcal{C}\subseteq\mathcal{A}\times\mathcal{A}$ 为空集，即神经元之间没有初始连接。
2. 在 t 时刻（$t=1,2,3,\cdots$）输入一个新的数据样本，其向量记为 $\boldsymbol{x}_t$。
3. 使用式（3.5）找出 $\mathcal{A}$ 中与 $\boldsymbol{x}_t$ 中距离最近的两个神经元 s_1 及 s_2，并且根据不同的学习层数来选择 3.2.3 节提到的公式计算节点的阈值。此时，如果式 (3.9) 成立，则两个获胜节点根据公式进行学习；否则，就为输入样本生成一个新的节点 r，令 $\boldsymbol{w}_r=\boldsymbol{x}_t$。
4. 与获胜节点相连的所有边 age 参数加 1，累加获胜节点的局部量化误差 $E_i=E_i+\|\boldsymbol{x}_t-\boldsymbol{w}_1\|$，以及获胜节点的激活次数 $M_i=M_i+1$。
5. 获胜节点及其邻居根据式 (3.7) 和式 (3.8) 进行学习。
6. 如果有边 c_{ij} 的年龄参数 $\text{age}_{(i,j)}>\text{age}_{\max}$，则删除这条连接。
7. 如果当前学习步骤 t 为参数 λ 的整数倍时，进行插入节点及删除节点操作。
8. 当学习过所有数据样本后，将节点归于不同的簇中。如果还有输入，则返回第 2 个步骤继续进行学习。

Output: 神经元集合 $\mathcal{A}$，边集合 $\mathcal{C}$。

3.3 本章小结

本章介绍了一个能够自主增加、删除原型节点，并使用该原型节点及其连接集合来描述数据分布的神经网络。我们需要了解 SOINN 的优势，并在合适的场合应用它，下面是本书作者总结的对 SOINN 的一些使用心得，仅供读者参考。

（1）SOINN 可以适用于在线增量的聚类分析环境中。在实际应用中，SOINN 不需要人工设定簇的数量、节点数量、连接数量等需要先验知识的参数，而能够通过节点之间的连接自动调整。同时，SOINN 也不需要积攒一批数据或者对网络进行预训练等操作，只要来了一个数据，就可以对网络进行训练。当然，SOINN 对过于少量的数据进行训练后可能无法达到收敛，因此也至少需要一定量（100+）的数据其效果才更好。从另一个角度说，没有硬性控制的参数表明我们在学习中只能“听天由命”地将一切交给 SOINN 算法。除了能够控制连接的维持难易程度及对网络进行检查的频率，我们无法对其他参数进行调整。

（2）相较于只保存单个原型应对每个簇的算法，SOINN 的拓扑结构能够描述更为复杂的数据结构。参考文献 [10] 中人工生成了两个同心圆环数据分布，类似 sin 函数的曲线形数据分布等，展示了 SOINN 对不同数据集的适应性。

（3）SOINN 算法在输入数据顺序不同的情况下，会学习到不同的节点和连接集合。与拥有全局优化函数的模型不同，SOINN 的每个输入都对局部区域内的节点进行优化，而这些节点同样会影响后续节点的学习过程。如果将 SOINN 的原型节点与输入特征的距离看成 SOINN 模型的优化目标，那么节点数量与连接的不同将会影响最终优化目标的函数构成，因而对其的理论分析将比拥有固定优化目标的模型更加困难。

后续将介绍多个对 SOINN 算法的改进与应用。可以看出，SOINN 的灵活性使其能够应用于多种问题中，其产生的原型节点也可以结合其他算法共同解决更为困难的任务。

第 4 章

SOINN的改进算法

SOINN 是一种适用于无监督学习的增量神经网络，可以对数据进行聚类。SOINN 算法在实践应用中表现出了良好的效果，引起了广泛关注。然而，SOINN 算法也存在局限性，如节点合并过程中可能会产生信息丢失等，这限制了 SOINN 的性能。研究人员试图从多方面深入研究并改进 SOINN 算法，以拓展其应用范围。

Enhanced SOINN (E-SOINN) [41] 是对原始 SOINN 算法的直接改进。在原始的 SOINN [10] 中，采用两层神经网络且需要逐层进行训练，使得训练过程较为烦琐且不稳定。E-SOINN 尝试采用单层的神经网络来代替原始的两层神经网络。因此，E-SOINN 比 SOINN 有着更少的参数量且易于训练。同时，E-SOINN 也提出了用于训练网络的新算法，用于单层网络参数的学习。E-SOINN 算法在本质上与 SOINN 算法相同，都可被归类为无监督的聚类算法。为了拓展 SOINN 算法的应用范围，研究人员试图将其应用到不同问题的处理中。这丰富了与 SOINN 算法相关的研究内容及成果。

负载平衡自组织增量学习神经网络 (LB-SOINN) [42] 从高维数据角度出发，有效克服了 E-SOINN 中生成的拓扑结构依赖于输入数据的缺点，避免了将复合类分解为子类时出现的混乱。同时，其引入了负载均衡等技术，使其适用于分布式系统，加速了数据聚类的性能。

局部分布自组织增量学习神经网络 (LD-SOINN) [43] 是一种基于局部数据分布学习的无监督增量学习神经网络。LD-SOINN 结合了增量学习和矩阵学习的优点，可以在没有先验知识的情况下，自动发现适合学习数据的节点，并以增量方式进行学习。

基于密度的自组织增量学习神经网络 (DenSOINN) [43] 是面向增量聚类问题设计的模型。DenSOINN 分析了其他 SOINN 的聚类分割方法及存在的问题，设计了一种基于密度的聚类方法来解决聚类重叠区域的问题。

本章将简单介绍 SOINN 算法在不同领域的拓展研究及应用情况。

4.1　E-SOINN 算法

4.1.1　E-SOINN 算法描述

原始 SOINN 被提出后，研究人员发现其存在以下三个主要问题。

第一，原始 SOINN 的训练过程较为烦琐。其所构建的两层网络模型在学习过程中需要人为判断何时停止第一层的参数学习，继而学习第二层的权值。

第二，减小量化误差的类内节点插入的算法在第一层中的学习效果并不明显。这是因为第一层中的相似度阈值是根据输入数据分布进行自适应调整的。

第三，在两个数据的聚类重叠区域密度较大时，SOINN 无法准确对这两个类进行区分，聚类效果有待提高。

针对这些问题，E-SOINN [41] 尝试对原始的 SOINN 进行改进，并有效解决了上述问题。图 4.1展示了 E-SOINN 算法的流程。对比 SOINN，E-SOINN 仅采用单层神经网络，并改进对聚类代表点的表示。对于类间插入，E-SOINN 采用与 SOINN 相同的方案。与 SOINN 不同的是，当在节点之间建立连接时，E-SOINN 增加了一个条件来判断是否需要连接。在 λ 次学习迭代之后，E-SOINN 将节点分成不同的子类，并删除位于重叠区域的边。E-SOINN 没有实现类内插入。第二层网络的去除使得 E-SOINN 比两层 SOINN 更适合在线甚至终身学习任务。它还避免了何时停止第一层学习和开始第二层学习的艰难选择。删除了类内节点的插入操作，减少了模型的超参数，使得调试算法更为便捷。

1. 节点密度处理

E-SOINN 能够处理部分重叠的不同聚类簇。E-SOINN 是基于节点密度来划分不同类别的。首先，节点密度通过使用本地累积的样本数来定义：如果节点附近有很多输入样本，则节点密度较高；如果节点附近的输入样本很少，则该节点的密度较低。出于这个原因，SOINN 计算一个节点成为赢家的次数，并将这个次数作为节点密度。虽然该方案简单，但这个定义会产生以下问题。

（1）高密度区域会有很多节点。在高密度区域，一个节点获胜的机会显著高于节点概率密度低的区域。因此，不能简单地用“获胜次数”来衡量节点密度。

（2）在增量学习任务中，早期产生的一些节点在很长一段时间内都不会再次成为赢家。在后期学习阶段，使用“获胜次数”定义节点密度的方法会使此类节点易被判断为低密度节点。

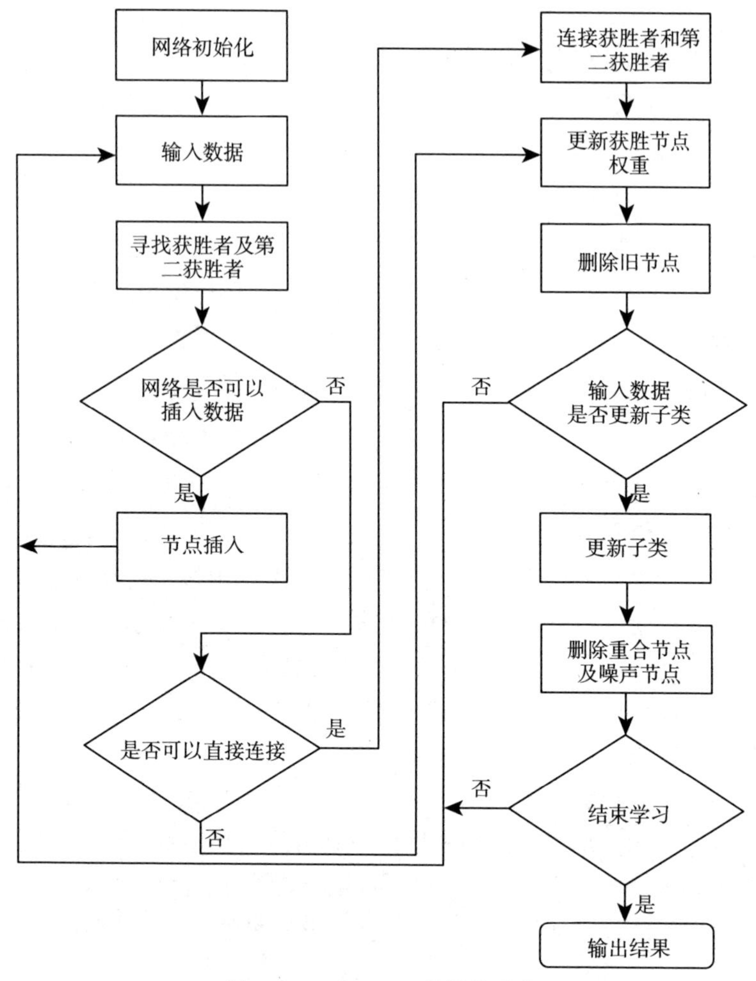

图 4.1　E-SOINN 算法的流程

因此，E-SOINN 改进了节点密度的定义。通过平均周围节点的累积值来描述该节点的密度。与“成为赢家的次数”不同，数据会被记录于特定节点中。考虑计算一个区域的代表点时，E-SOINN 首先计算了节点 i 与其邻居的平均距离 $\overline{d}_i$，表示为

$$\overline{d}_i = \frac{1}{m}\sum_{j=1}^{m}\|\boldsymbol{w}_i - \boldsymbol{w}_j\| \tag{4.1}$$

其中 m 代表节点 i 的邻居的数量，$\boldsymbol{w}_i$ 表示样本点 i 在网络内部表示的权值。其次，点密度定义为

$$p_i = \begin{cases} \dfrac{1}{\left(1+\overline{d}_i\right)^2}, & 节点i是赢家 \\ 0, & 节点i不是赢家 \end{cases} \tag{4.2}$$

从点密度定义可以发现，如果节点 i 到它的邻居的平均距离 $\overline{d}_i$ 较大，那么该区域的节点数量少，节点密度较低；如果平均距离 $\overline{d}_i$ 较小，说明这个区域的节点数量多，节点密度较高。在点密度的计算公式中给分母添加 1，使其节点密度值小于 1。在一次迭代中，当节点 i 是赢家时，本书只计算节点 i 的点密度，将其他节点的点密度设为 0。

在网络学习完成后，累积点密度 s_i 是关于节点 i 在学习期间的点密度的总和

$$s_i = \sum_{j=1}^{n}\left(\sum_{k=1}^{\lambda} p_i^{jk}\right) \tag{4.3}$$

其中，λ 为一个学习周期内输入信号的个数；n 表示学习周期时间（可以用 LT/λ 计算，其中 LT 表示输入信号的总数）。因为 p_i 在学习过程中动态变化，所以用 p_i^{jk} 表示学习第 j 周期、第 k 个输入信号时 p_i 的值。通过定义平均累积点来表示节点 i 的密度，即

$$h_i = \overline{s_i} = \frac{1}{N}s_i = \frac{1}{N}\sum_{j=1}^{n}\left(\sum_{k=1}^{\lambda} p_i^{jk}\right) \tag{4.4}$$

其中 N 表示累积点 s_i 大于 0 的时间段。注意，N 不一定等于 n。

在计算 h_i 时通常应使用 N 而非 n，因为在增量学习的某些周期内，如果节点 i 附近一直没有新信号输入，则累积点 s_i 的值会为 0。此时如果使用 n 计算平均累积点，则会导致后续学习过程中 h_i 的值偏小。使用 N 计算平均累积点，则后续学习过程中 h_i 的值将保持不变。但某些应用程序有必要忘记非常古老的学习信息，在这种情况下则可以使用 n 来代替 N，使模型更倾向于学习新知识而忘记旧知识。本节后文中使用的术语“节点密度”即指此处定义的 h_i。

2. 重叠区域划分

根据改进的节点密度的定义，E-SOINN 也提出了新的发现重叠区域密度的算法。关于密度的定义，找到重叠区域的最简单算法是找到密度最低的区域。GCS [13] 和 SOINN 等算法采用这种技术来判断重叠区域。但是，这种技术不能确保低密度区域恰好是重叠区域。例如，对于某些遵循高斯分布的类，在类边界处，密度会很低。重叠包括重叠类的一些边界，因此，重叠的密度必须高于非重叠边界区域的密度。例如，在图 4.2中，A 部分显示为重叠区域，但 A 部分的密度高于 B 部分或 C 部分。为了解决这个问题，E-SOINN 没有使用最低密度规则，而是设计了一种新技术来检测重叠区域。

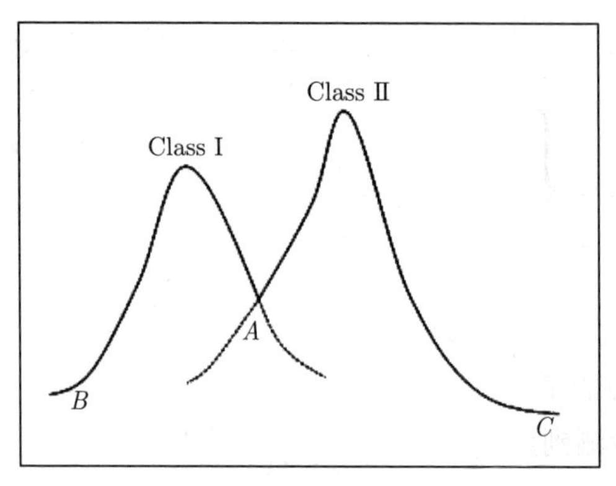

图 4.2　两个具有重叠区域的类的密度分布

对不同类的重叠处理是个相对困难的问题。在 SOINN 中，经过一段时间的学习，如果类之间存在重叠，那么这些类的所有节点有可能连接在一起形成一个类。E-SOINN 提出在复合类（由许多簇组成）中找到重叠区域，避免在不同类之间建立连接，从而有效地分离重叠类。为了检测重叠区域，E-SOINN 首先提出了一个规则以实现将复合类分解为几个子类，如算法 5（Algorithm 5）所示。

Algorithm 5　复合类分解为子类算法

1. 如果节点具有局部最大密度，该节点称为子类的顶点。找到复合类中的所有顶点，并给这些顶点不同的标签。
2. 对所有其他具有与顶点相同子类标签的节点进行分类。
3. 如果连接的节点具有不同的子类标签，则这些节点位于重叠区域。

算法 5 在实际任务处理中会存在几个问题。例如，图 4.3 中存在两个类。由于节点密度的分布不是平滑的，而是波动的（这可能归因于噪声或原始数据集中的样本较少），对图 4.3 中的聚类问题，直接使用算法 5，将被分成太多的子类，并且会检测到许多重叠区域。因此，E-SOINN 将复合类分解为子类以解决这个问题之前，寻求平滑的解决方案。平滑是通过判断是否需要将两个子类组合成一个统一的子类来实现的。

以图 4.3 中的 A 区域和 B 区域为例，假设算法在这两个区域找到了子类 A 和子类 B，子类 A 的顶点密度为 $A_{\max}$，子类 B 的顶点密度为 $B_{\max}$。如果满足以下条件，则将子类 A 和 B 合并为一个子类：

（1）$\min(h_{\text{winner}}, h_{\text{secondwinnner}}) > \alpha_A A_{\max}$；

（2）$\min(h_{\text{winner}}, h_{\text{secondwinnner}}) > \alpha_B B_{\max}$。

其中获胜者和第二获胜者位于子类 A 和 B 之间的重叠区域。实际上，α

是属于 $[0,1]$ 的参数，可以使用阈值函数自动计算，例如：

$$\alpha_A = \begin{cases} 0.0, & A_{\max} \leqslant 2.0\text{mean}_A \\ 0.5, & 2.0\text{mean}_A < A_{\max} \leqslant 3.0\text{mean}_A \\ 1.0, & A_{\max} > 3.0\text{mean}_A \end{cases} \tag{4.5}$$

其中 mean_A 是子类 A 中节点的平均密度。总之，通过将复合类分解为不同的子类，并将不重叠的子类组合成一个子类，E-SOINN 可以检测到复合类内部的重叠区域。在检测到重叠区域后，去除属于不同子类的节点之间的连接，并将重叠的类分开。

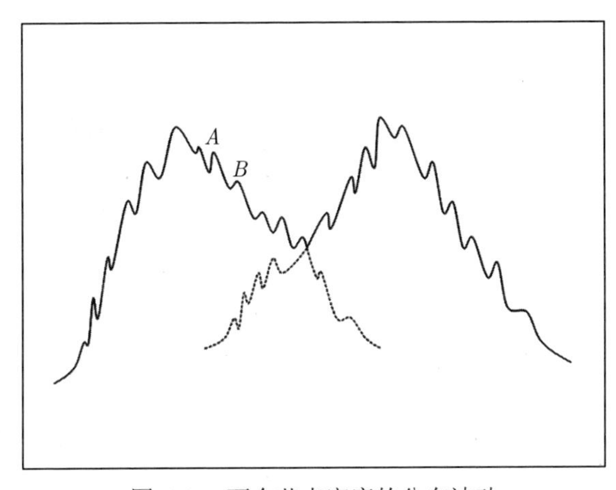

图 4.3　两个节点密度的分布波动

3. 节点建边

如果获胜者和第二获胜者属于不同的子类，E-SOINN 提供了连接这两个节点的机会。本书可能希望这样做以限制子类分离过程中噪声的影响，并尝试平滑波动的子类。如果两个子类被错误地分开，子类仍然可以连接在一起。E-SOINN 给出了算法 6（Algorithm 6）用于解决上述问题。

Algorithm 6　建立节点间的边

1. 如果获胜者或第二获胜者是新节点（尚未确定该节点属于哪个子类），则用一条边连接两个节点。
2. 如果获胜者和第二获胜者属于同一个子类，则用一条边连接两个节点。
3. 如果获胜者属于子类 A，则第二获胜者属于子类 B。如果满足连接规则，则连接两个节点，合并子类 A 和 B；否则，不连接两个节点。如果两个节点之间存在连接，则删除该连接。

算法 6表明 E-SOINN 的结果会比 SOINN 的结果更稳定，因为即使在低密度区域重叠的情况下，SOINN 有时也会正确区分不同的类，有时会将不同

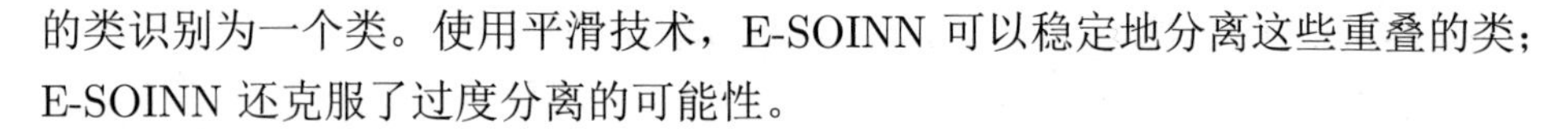

的类识别为一个类。使用平滑技术，E-SOINN 可以稳定地分离这些重叠的类；E-SOINN 还克服了过度分离的可能性。

4. 去除噪声节点

首先，E-SOINN 的去噪策略来源于原始的 SOINN 的处理过程。为了删除由噪声引起的节点，SOINN 删除概率密度非常低的区域中的节点。SOINN 使用这种策略：如果到目前为止生成的输入信号的数量是参数 λ 的整数倍，则删除那些具有一个或没有拓扑邻居的节点。对于一维输入数据和噪声较小的数据集，SOINN 使用候选删除节点的局部累积信号数来控制删除行为。此外，两层网络结构有助于 SOINN 删除由噪声引起的节点。

E-SOINN 采用与 SOINN 几乎相同的技术来删除由噪声产生的节点：如果到目前为止生成的输入信号的数量是参数 λ 的整数倍，则删除那些拓扑邻居为两个或少于两个的节点。E-SOINN 和 SOINN 的区别在于其删除了具有两个拓扑邻居的那些节点，通过使用本地累积的"点"及不同的控制参数 c_1（对于两个邻居节点）和 c_2（对于一个邻居节点）来控制删除行为。E-SOINN 还删除了一些具有两个邻居的节点，因为 E-SOINN 仅采用单层网络，自适应更改的相似度阈值使得"噪声节点"可能难以被原始 SOINN 策略删除。SOINN 可以使用第二层删除一些剩余的"噪声节点"。对于单层 E-SOINN，必须放宽删除节点的条件。E-SOINN 添加一个参数 c_1 来控制删除过程，避免删除一些有用的节点。

5. 完整的 E-SOINN 算法描述

作为总结，下面给出了 E-SOINN 的完整算法，如算法 7（Algorithm 7）所示。

算法 7首先找到输入向量的获胜者和第二获胜者。然后判断是否有必要在获胜者和第二名获胜者之间建立连接，并将它们连接或删除它们之间已有的连接。在更新获胜者的密度和权值后，每学习 λ 次后更新节点的子类标签。接着删除由噪声引起的节点。这里，噪声不依赖于 λ，仅取决于输入数据。学习完成后，将所有节点分为不同的类。在学习过程中，不需要存储学习到的输入向量，因此，E-SOINN 可以实现在线学习。经过一段时间的学习，在 E-SOINN 收敛后将新数据输入 E-SOINN。如果新数据与获胜者或第二获胜者之间的距离大于相似度阈值，则网络将增加新节点。如果新数据与获胜者或第二获胜者之间的距离小于相似度阈值，则说明新数据已经被很好地学习，网络没有发生任何变化。这个过程使算法适合增量学习：在不破坏学习知识的情况下学习新信息。因此，如果后面将学习到的知识输入系统中，就不需要重新训练网络。

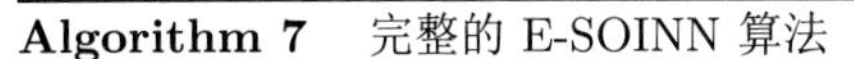

Algorithm 7　完整的 E-SOINN 算法

1. 初始化神经元集合 $\mathcal{A}=\{a_1,a_2\}$，初始的两个神经元 $\{a_1,a_2\}$ 的权值 $\boldsymbol{w}_1,\boldsymbol{w}_2$ 使用训练数据中先被输入的两个向量进行初始化；初始化边集合 $\mathcal{C}\subseteq\mathcal{A}\times\mathcal{A}$ 为空集，即神经元之间没有初始连接。
2. 输入新模式 $\xi\in\mathbb{R}$。
3. 搜索最近节点（获胜者）a_1、次最近节点（第二获胜者）a_2，依据 $a_1=\mathrm{argmin}_{a\in A}||\xi-\boldsymbol{w}_a||$ 且 $a_2=\mathrm{argmin}_{a\in A/\{a_1\}}||\xi-\boldsymbol{w}_a||$。如果 ξ 与 a_1 或 a_2 的距离大于相似度阈值 T_{a_1} 或 T_{a_2}，则输入信号为新节点。将其添加到 A 中，进入步骤 2 处理下一个信号。阈值 T 使用式（3.10）与式（3.11）计算。
4. 将与 a_1 连接的所有边的年龄增加 1。
5. 使用算法 6，判断是否需要建一个 a_1 和 a_2 之间的连接。
6. 使用式（4.2）更新获胜节点的平均密度。
7. 将本地累积的信号数量 M_{a_1} 加 1，即 $M_{a_1}(t+1)=M_{a_1}(t)+1$。
8. 调整获胜者及其拓扑邻居的权值向量，按如下规则进行更新：

$$\Delta\boldsymbol{w}_{a_1}=\epsilon_1(M_{a_1})(\xi-\boldsymbol{w}_{a_1}),\ \Delta\boldsymbol{w}_i=\epsilon_1\cdot 100(M_{a_1})(\xi-\boldsymbol{w}_i)$$

9. 查找年龄大于预定义的最大年龄的边参数 $\mathrm{age}_{\max}$，之后删除这些边。
10. 如果到目前为止生成的输入信号的数量是参数 λ 的整数倍，则
   （1） 使用算法 5对数据进行划分；
   （2） 删除由噪声引起的节点。
11. 如果学习过程完成，则将节点按照距离进行聚类；之后报告类的数量，输出每个类的原型向量，并停止学习过程。
12. 如果学习没有完成，转到步骤 2 继续进行无监督在线学习。

4.1.2　E-SOINN 算法的性能测试

1. 对比人工数据集的聚类结果

在伪造的人工数据集上，本书测试了对高重叠数据的聚类及其划分。如图 4.4所示，该数据集包括三个部分重叠的高斯分布，以测试 SOINN 和 E-SOINN。本书向该数据集添加 10% 的噪声。在数据集中，重叠区域的密度很高，但数据集仍然可以仅根据其绘制时的外观分为三类。在平稳环境下，在线训练过程中的训练标本是从原始数据集中随机选择的。在非平稳环境下，在线训练过程中的训练标本是从三个类别中按顺序抽取的：将训练样本按类别顺序排序，然后依次从各个类别中抽取 100000 个样本来训练网络。学习过程完成后，将节点分为三个类别并报告结果。

图 4.4（a）和图 4.4（b）描述了 SOINN 的结果（参数为：$\lambda=200$，$\mathrm{age}_{\max}=50$，$c=1.0$，其他参数与原 SOINN 论文 [10] 中描述的值相同）。对于平稳环境和非平稳环境，SOINN 不能分离三个高密度重叠的类别。图 4.4（c）和图 4.4（d）显示了 E-SOINN 的结果（参数为：$\lambda=200$，$\mathrm{age}_{\max}=50$，$c_1=0.001$

和 $c_2 = 1.0$)。使用对 SOINN 的改进，E-SOINN 分离了三个高密度重叠的类别。E-SOINN 聚类方法指出原始数据集中存在三个类别，并给出了每个类别的拓扑结构。人造数据集上的实验表明，相比于 SOINN 方法，E-SOINN 方法能够更好地分离高密度重叠的类别。

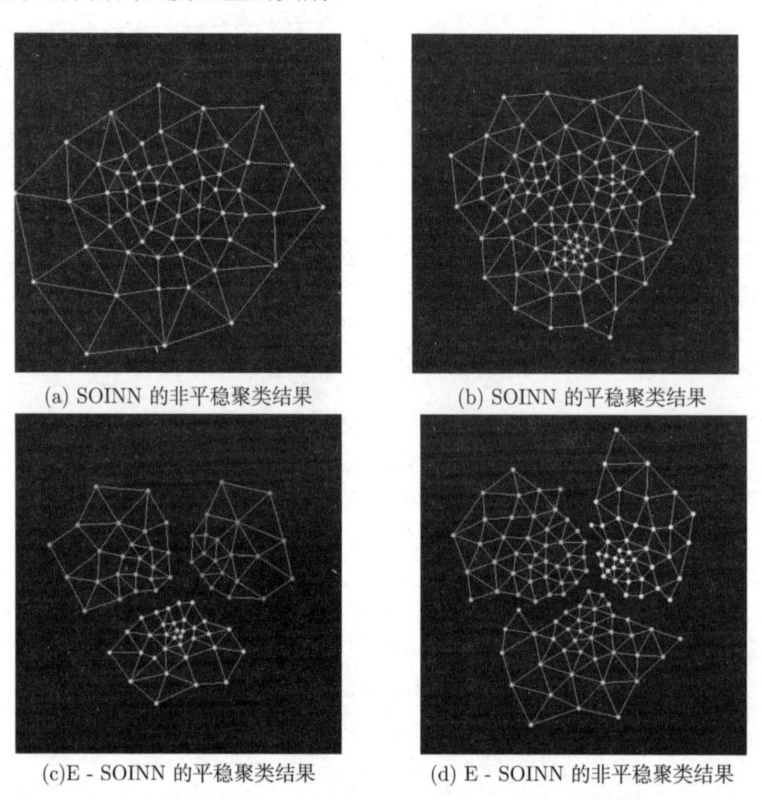

(a) SOINN 的非平稳聚类结果 (b) SOINN 的平稳聚类结果

(c)E - SOINN 的平稳聚类结果 (d) E - SOINN 的非平稳聚类结果

图 4.4 在人工数据集上 E-SOINNN 与 SOINN 的实验结果的比较

2. 对比人脸数据集的聚类结果

为了验证 E-SOINN 算法在真实数据上的聚类性能，本书从 AT&T FACE 数据库中选取了 10 个类别，每个类别包括 10 个样本。每幅图像的大小为 92 像素 × 112 像素，每像素有 256 个灰度级。这些图像的特征向量按如下方式获取。先使用最近邻插值将分辨率为 92 像素 × 112 像素的原始图像重新采样为分辨率为 23 像素 × 28 像素的图像；再使用高斯算法采用高斯宽度为 4、标准差为 2 的核对分辨率为 23 像素 ×28 像素的图像进行平滑处理，得到 23×28 维的特征向量，如图 4.5所示。

在静态平稳环境下，样本是从原始数据集中随机选择的。对于非平稳环境，先将类别 1 的样本输入系统，经过 1000 次训练后，再将 2 个类别的样本输入系统，以此类推。参数设置为 $\lambda = 25$，$\text{age}_{\max} = 25$，$c_1 = 0.0$，$c_2 = 1.0$。

对于平稳和非平稳环境，E-SOINN 报告原始数据集中存在 10 个类，并给出每个类的原型向量（网络节点）。本书使用这样的原型向量将原始训练数据分类成不同的类别，并报告识别率。与 SOINN 相比，E-SOINN 得到几乎相同的正确识别率（静态平稳环境为 90%，非静态平稳环境为 86%）。为了比较 SOINN 和 E-SOINN 的稳定性，对 SOINN 和 E-SOINN 进行了 1000 次训练，并记录了类数的频率。图 4.6 的上图描绘了 SOINN 结果，图 4.6的下图描绘了 E-SOINN 结果。SOINN 的类数方差比 E-SOINN 大得多；此外，在类数均值 10 附近，SOINN 的频率远低于 E-SOINN 的频率，这反映了 E-SOINN 比 SOINN 更稳定。

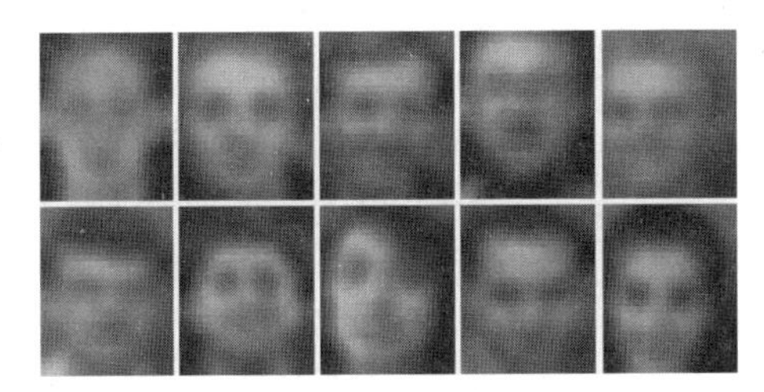

图 4.5　高斯模糊处理的人脸图像

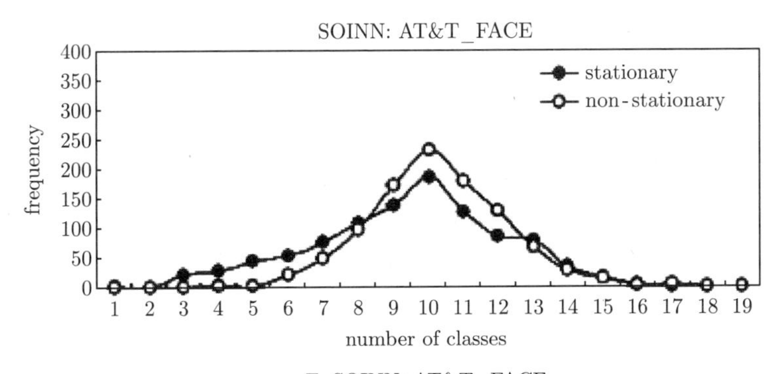

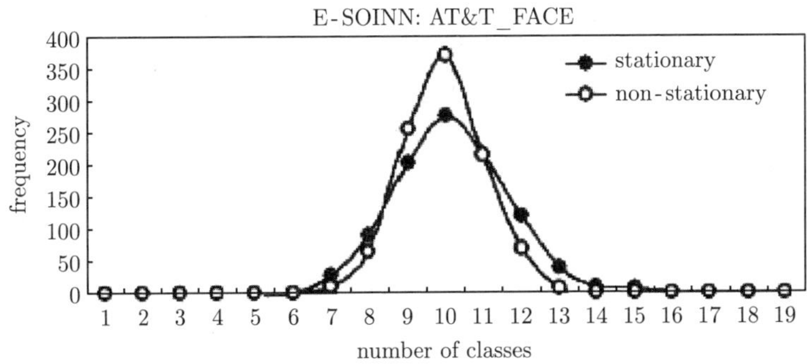

图 4.6　E-SOINN 与 SOINN 在人类数据集的聚类性能对比

4.2 Adjusted SOINN 分类器算法

Adjusted SOINN 分类器（Adjusted SOINN Classifier，ASC）[44] 是将 SOINN 无监督聚类算法结合监督信息用于分类问题上的模型拓展。Adjusted SOINN 可以看成基于原型的最近邻分类器。Adjusted SOINN 是双层 SOINN 神经网络的轻量化，自动学习确定决策边界所需的原型数量，并且可以在学习新信息时不破坏已学到的旧信息。它对噪声训练数据具有鲁棒性，并且能够实现快速分类。实验中使用一些人造数据集和真实世界数据集来评估 ASC。论文 [47] 的实验还将 ASC 与其他基于原型的分类器进行比较，包括分类错误率、压缩比和加速比等方面。结果表明，ASC 具有最佳性能，并且是一个非常有效的分类器。

Adjusted SOINN 继承了 SOINN 的一些属性，如增量学习、对噪声的鲁棒性及自动学习表示每个类所需的原型数量。SOINN 的缺点是需要过多的参数来实现类内插入；不稳定，结果取决于训练数据的输入序列。还有，SOINN 的目标是实现无监督学习和拓扑表示。而 ASC 面向监督学习中的分类问题，需要尽可能减少原型的数量，以实现快速分类。ASC 从以下几个方面对 SOINN 进行了改进：（1）Adjusted SOINN 采用较少的参数来表示输入数据的拓扑结构；（2）加入了 k-means 聚类步骤以获得更稳定的原型；（3）设计降噪过程，减少部分因噪声引起的干扰；（4）设计原型清理过程，删除对分类作用不明显的原型。ASC 的聚类过程流程图如图 4.7 所示。首先使用每个类别的数据单独训练 Adjusted SOINN；然后使用 Adjusted SOINN 的节点权值作为 k-means 算法的中心初始值进行 k-means 聚类，调整原型位置；最后对原型进行降噪，并使用训练数据进行原型清理。

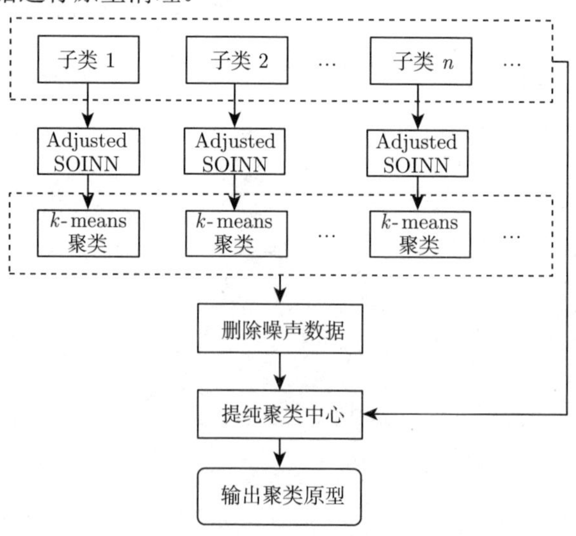

图 4.7　ASC 的聚类过程流程图

4.2.1　ASC 算法描述

1. Adjusted SOINN 的学习流程

首先，Adjusted SOINN 对原始 SOINN 的学习流程进行了修改。在 SOINN 第一层的训练过程中，类间插入是主要部分，类内插入对插入新节点的贡献很小。第二层的目标是删除冗余节点，分离重叠的簇，删除噪声引起的节点。仅就拓扑表示目标而言，第一层可以获得比第二层更好的拓扑表示。这里只保留 SOINN 的第一层网络结构与学习算法，但删除了类内插入部分，以减少自定义的参数数量。由于 Adjusted SOINN 只采用单层网络，类间插入保证了节点的密度足以代表拓扑结构，因此删除类内插入操作不会影响学习结果。当节点数量到达预设的最大值时，停止向网络中新增节点，以避免节点数量永久增加。图 4.8 给出了 Adjusted SOINN 的学习流程。

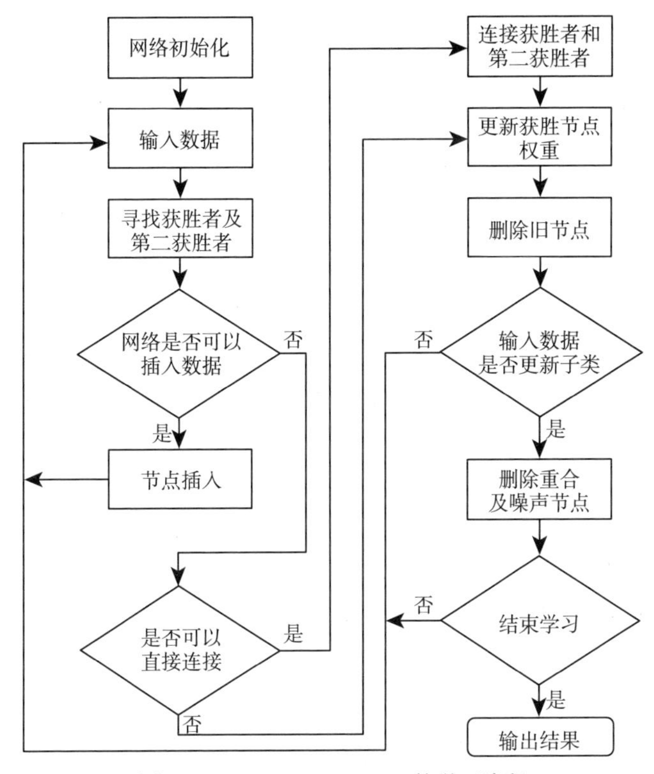

图 4.8　Adjusted SOINN 的学习流程

当一个输入向量被赋予 Adjusted SOINN 时，它会找到输入向量的获胜者和第二获胜者，然后使用相似度阈值的标准判断输入向量是否属于获胜者或第二获胜者的同一簇。相似度阈值 T_i 使用论文 [44] 中的算法 2.1 计算。如果输入向量与获胜者或第二获胜者之间的距离大于获胜者或第二获胜者的相似度阈值，则将输入向量插入网络中，成为新的节点。如果不加入新的节点，则更新获胜者及其相邻节点的权值向量，并创建获胜者和第二获胜者之间的连接，将此边的“年龄”设置为“0”。随后，将与获胜者相关联的所有边的年龄增加“1”，找到其中年龄大于预定义参数 ad 的边，删除这些边。经过 λ 次学习迭代，Adjusted SOINN 找到邻居数量小于或等于 1 的节点，并删除这些节点。算法 8（Algorithm 8）是 Adjusted SOINN 的学习算法。

Algorithm 8 Adjusted SOINN 的学习算法

1. 初始化神经元集合 $\mathcal{A}=\{a_1,a_2\}$，初始的两个神经元 $\{a_1,a_2\}$ 的权值 $\boldsymbol{w}_1,\boldsymbol{w}_2$ 使用训练数据中先被输入的两个向量进行初始化；初始化边集合 $\mathcal{C}\subseteq\mathcal{A}\times\mathcal{A}$ 为空集，即神经元之间没有初始连接。
2. 输入数据 $\xi\in\mathbb{R}^n$。
3. 搜索最近节点（获胜者）s_1、次最近节点（第二获胜者）s_2，依据 $s_1=\text{argmin}_{a\in A}||\xi-\boldsymbol{w}_a||$ 且 $s_2=\text{argmin}_{a\in A/\{a_1\}}||\xi-\boldsymbol{w}_a||$。
4. 如果 s_1 和 s_2 之间的连接不存在，则创建它。将 s_1 和 s_2 之间的连接年龄设置为 0。
5. 将从 s_1 发出的所有边的年龄增加 1，删除年龄大于预定义阈值 ad 的边。
6. 调整获胜者及其邻居节点的权值向量。对于 s_1，按如下规则更新：

$$\Delta\boldsymbol{w}_{s_1}=\epsilon_1(t)(\boldsymbol{w}_{s_1}) \tag{4.6}$$

   其中，t 是已经学习过的样本数量。对于 s_1 的邻居节点 i，按如下规则更新：

$$\Delta\boldsymbol{w}_{s_i}=\epsilon_1(100t)(\boldsymbol{w}_{s_2}) \tag{4.7}$$

7. 如果到目前为止学习过的输入信号的数量是预定义参数 λ 的倍数，则搜索 $\mathcal{A}$ 中没有邻居或只有一个邻居的节点，然后删除它们。
8. 转到步骤 2 继续学习，直至满足学习时间。

在算法 8中，需要确定两个参数 ad 和 λ。这两个参数会影响节点之间删除连接的频率，使用这些参数可以控制 Adjusted SOINN 的节点数量。因此，如果想将之前学习的知识保存更长时间，可将这两个参数的值设置得较大，并获得大量节点以实现低分类误差。另外，如果想要更少的节点以节省内存空间并加快分类速度，可以将这两个参数的值设置得较小，以频繁地删除节点和边。这两个参数的选取取决于任务的实际情况，使用这些参数可以控制 ASC 的识别性能。

2. 降噪部分

如果训练数据中存在噪声，在 Adjusted SOINN 的训练过程中，会有一些节点被噪声产生。由于 Adjusted SOINN 只采用单层网络，如果有大量的噪声数据，网络学习中会存在由噪声产生的节点。这里噪声意味着训练数据集在要素和类标中包含未知数量的噪声。为了防止基于最近邻规则的 ASC 不受限制地拟合有噪声的训练数据，ASC 加入了降噪步骤：如果其节点的类别不同于其 k 个邻居的多数类别，则它被认为是离群节点，并且该节点从原型集中被移除。算法 9（Algorithm 9）是 ASC 中降噪部分的详细算法。ASC 使用交叉验证以调整参数最近邻个数 k。

Algorithm 9 ASC 中的降噪算法

1. 对于原型集中的一个原型 C，找出 k 个与原型 C 最接近的原型。
2. 利用投票法选出 k 个最接近原型的多数类标，如果此类标与原型 C 的类标不同，则从原型集中删除原型 C。
3. 重复此过程，直至所有原型都处理完毕。

3. 原型清理

使用 Adjusted SOINN 和 k-means 聚类获得的原型集可用于表示输入数据的拓扑结构。然而对于分类来说，靠近类中心部分的原型作用很小。因为 ASC 的分类原理是寻找测试样本的最接近原型，即使类中心部分的原型被删除，也依然可以找到靠近类边界的原型而不影响结果。因此，ASC 删除那些位于类中心部分的原型，以节省原型存储的内存空间并加快分类速度。ASC 设计了原型清理算法（Algorithm 10）来实现这个目标。原型清理算法基于这样的思想：如果属于类的一个原型从来不是该类中离其他类的数据样本最接近的原型，这个原型就位于这个类的中心部分，可以被删除。

Algorithm 10 ASC 的原型清理算法

1. 假设有 n 个初始类。给定类 i，$i = 1, 2, \cdots, n$，分别执行以下步骤。
2. 对于不同于类 i 的其他类的所有样本，找到 Adjusted SOINN 和 k-means 聚类生成的类 i 的最接近原型。
3. 如果类 i 的原型从来不是其他类的最接近原型，则删除此原型。重复此步骤，直至没有原型可以删除。

4. ASC 学习算法

综合上述的各部分流程，算法 11（Algorithm 11）给出了详细的 ASC 的学习算法。如图 4.7所示，首先，对每个类的训练数据独立执行 Adjusted SOINN 算法（算法 8）；然后，将 Adjusted SOINN 的原型数量和原型位置分别作为 k-means 中的类别数量和中心位置，利用 k-means 聚类来调整原型位置；接着，使用算法 9 来减少一些由噪声引起的原型；最后，使用剩余的原型和所有训练数据，执行算法 10 来找到位于类中心部分的原型，移除它们以加速分类过程。

Algorithm 11 ASC 算法

1. 假设有 n 个初始类，对于类 i，训练对应的 Adjusted SOINN(算法 8)。算法 8 输出原型数 N_i，并给出这类原型的权值向量 $\mathbf{AS}_i = \{\boldsymbol{c}_j^i\}$, 其中 $i = 1, \cdots, n; j = 1, \cdots, N_i$。
2. 对于每类数据进行 k-means 聚类。对于类 i，k-means 采用步骤 1 产生的 N_i 作为第 i 类的中心数目，$\mathbf{AS}_i$ 作为初始中心向量的集合，k-means 的结果表示为 $\mathbf{KM}_i = \{\boldsymbol{c}_j^i\}$。
3. 对于 $\mathbf{KM}_i$ 中的所有原型，使用算法 9删除那些由噪声引起的原型 (降噪部分)，得到剩余原型的集合 $\mathbf{NR}_i$。
4. 使用算法 10删除中心区域的原型，得到类别 i 的最终原型 $\mathbf{Prototype}_i = \{\boldsymbol{c}_j^i\}$, 其中 $j = 1, \cdots, M_i$。整个 ASC 中最终原型的总数是 $\sum\limits_{i=1}^{n}\{M_i\}$。
5. 将最终原型用于测试样本的分类。分类方法是寻找距离测试样本最接近的原型，输出其类标。

4.2.2 ASC 算法的性能测试

在实验部分，首先使用一些人造二维数据集来测试 ASC 并说明 ASC 的细节；然后通过在真实数据集上的测试来证明所提出方法的效率；最后将 ASC 与一些其他典型的基于原型的分类器进行比较。

1. 在人造二维数据集上的聚类结果

在所有人造数据集的测试中，ASC 的超参数设置为：ad $=$ 20，$\lambda = 20$，$k = 5$。ad 和 λ 将影响生成的原型数量，但如果可以获得足够的原型，则不会影响识别性能。k 不敏感，实验中可以选择其他值，并获得相同的识别结果。对本节中的所有实验，每个实验都重复进行了 10 次学习和测试，将平均分类错误率和压缩比作为识别性能。实验中采用了两个不重叠的高斯分布，如图 4.9（a）所示，选择 200 个样本作为测试模式，这意味着有 4000 个训练样本和 400 个测试样本。1-NN 分类器在这个例子中的分类错误率为 0.0%。Adjusted SOINN 的结果与 SOINN 的第一层结果几乎相同，表明 Adjusted SOINN 能够很好地表示两类的拓扑结构。图 4.9（b）是 ASC 算法的聚类结果。ASC 去除了 Adjusted SOINN 产生的大量原型，这些去除的原型对后续的分类没有用处。这表明 ASC 只需要 6 个原型（其中 3 个属于一类，另 3 个属于另一类）。使用这 6 个原型对测试集进行分类，并获得 0.0% 的分类误差。与 1-NN 分类器相比，ASC 使用的原型数量仅为 1-NN 分类器的 0.15%，并获得了相同的分类误差。

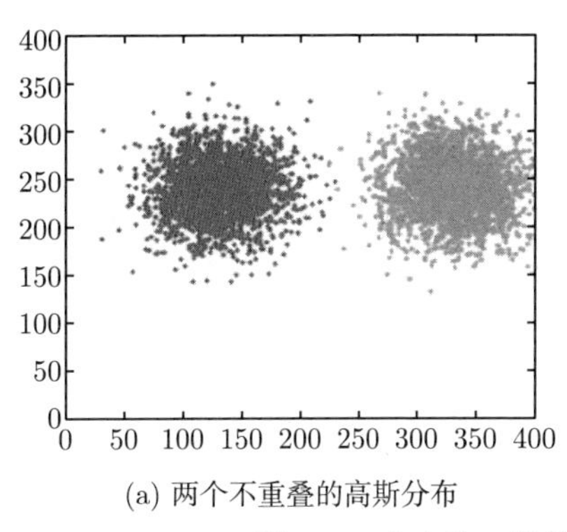

(a) 两个不重叠的高斯分布

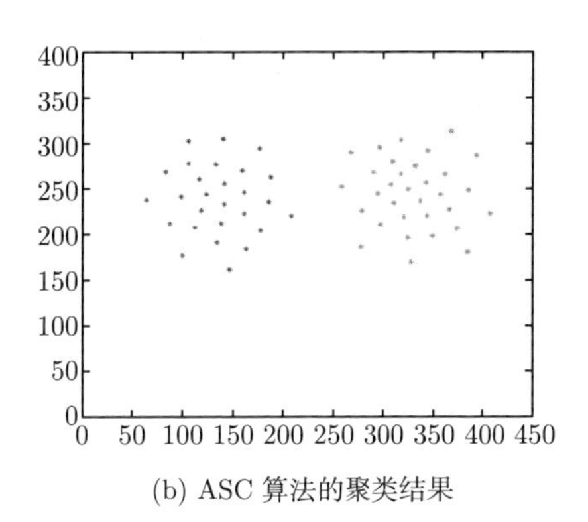

(b) ASC 算法的聚类结果

图 4.9　在人造二维数据集上 ASC 的训练结果

2. 真实手写数字的分类结果

此实验使用光学手写数字数据库（optdigits）来测试 ASC。在这个数据库中，一共有 10 类手写数字，来自 43 个人，其中 30 个人贡献了训练集，而另外 13 个人贡献了测试集。训练集中共有 3823 个样本，测试集中共有 1797 个样本，样本的维数为 64。作为对比，使用传统的 1-NN 分类器，将 3823 个训练样本作为原型向量，使用欧氏距离作为度量标准对测试样本进行分类。1-NN 分类器花费了 7.919 秒完成测试样本的分类，分类错误率为 2.0%。

在 ASC 分类方法的训练过程中，(ad, λ) 有 3 个不同的参数集设置：(50, 50)，(25, 25)，(10, 10)。对于每个参数集，重复进行 10 次训练，并将平均结果作为最后结果。(50, 50) 参数集设置下原型数大约有 377 个，(25, 25) 参数集设置下原型数大约有 258 个，(10, 10) 参数集设置下原型数大约有 112 个。可以看出，参数的值越大，所需的原型数量越多。使用这些原型，将测试样本分到不同的类中，并在表 4.1中给出了不同参数集的训练结果。表 4.1表明：（1）在分类误差为 2.3%的情况下（表 4.1的第二列），ASC 分类方法比 1-NN 方法快了 10 倍以上，同时所需的内存减小到约 10%；（2）如果想用更小的内存空间加快分类过程的速度，分类误差将会增加（表 4.1的第二列至第四列），可以使用参数设置 (ad, λ) 来控制识别性能。

表 4.1　在 optdigits 上 ASC 的训练结果

Parameter set of (ad, λ)	(50, 50)	(25, 25)	(10, 10)
Classification error (%)	2.3 ± 0.2	2.6 ± 0.2	3.0 ± 0.2
No. of prototypes	377 ± 12	258 ± 7	112 ± 7
Time needed (ms)	781	534	232
Speed up ratio (rs (NNC, ASC))	10.14	14.82	34.13
Compression ratio (%)	9.9 ± 0.3	6.8 ± 0.2	2.9 ± 0.2

4.3 LB-SOINN 算法

4.1 节分析了 SOINN 双层神经网络的缺陷,并介绍了单层增强型 SOINN(E-SOINN) 算法。相对于 SOINN 双层神经网络，E-SOINN 能够分离具有高密度重叠区域的簇，从而无须任何监督行为即可准确识别类的数量。这使得 E-SOINN 算法更适用于未知领域的新知识发现。然而 E-SOINN 算法生成的拓扑结构依赖于输入数据的顺序，导致它在一些特定数据中性能较差。因此，Zhang 和 Hasegawa 等人提出了一种新的 SOINN 变体——负载平衡自组织增量学习神经网络（LB-SOINN），LB-SOINN 有效克服了 E-SOINN 生成的拓扑结构依赖于输入数据的顺序等缺点，避免了将复合类分解为子类时出现的混乱。此外，LB-SOINN 还引入了可组合不同度量距离的聚类框架，以在高维空间获得良好的性能。

下面分析 E-SOINN 算法存在的几个主要问题。第一个问题是其结果很大程度上取决于输入数据的顺序。如果使用者使用相同数据集但以不同顺序输入来重复训练，E-SOINN 会生成不同数量和位置的节点。图 4.10展示了一个由两个高斯分量组成的人工数据集。当使用此数据集分别训练 E-SOINN，在学习次数为 50 万和 100 万时得到的网络如图 4.11 所示，很明显与图 4.10 所示的数据分布不能匹配。用数学方式表示，E-SOINN 使用节点的平均累积点来描述密度，如图 4.12（a）所示。它计算节点 i 的平均累积点的方式如下：

$$
\begin{aligned}
&p_i = \begin{cases} \dfrac{1}{\left(1+\overline{d}_i\right)^2}, & i \text{ 是获胜节点} \\ 0, & i \text{ 不是获胜节点} \end{cases} \\
&\overline{d}_i = \frac{1}{m}\sum_{j=1}^{m}\|\boldsymbol{w}_i - \boldsymbol{w}_j\|
\end{aligned} \tag{4.8}
$$

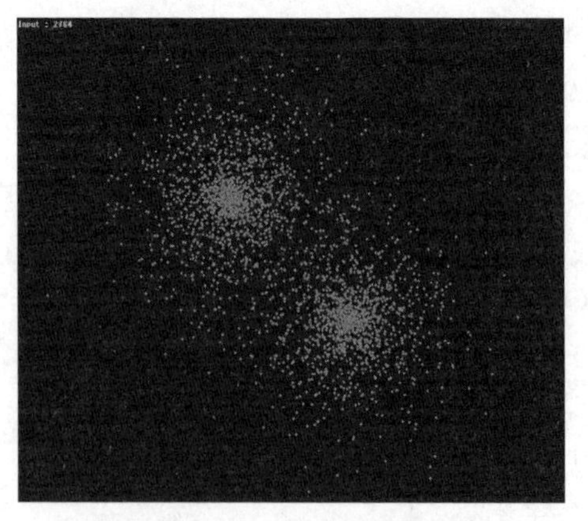

图 4.10　人工生成聚类数据集

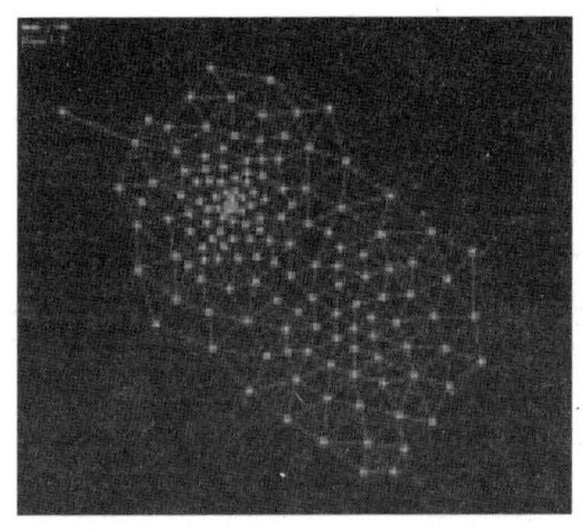

(a) E-SOINN 训练 50 万次的结果

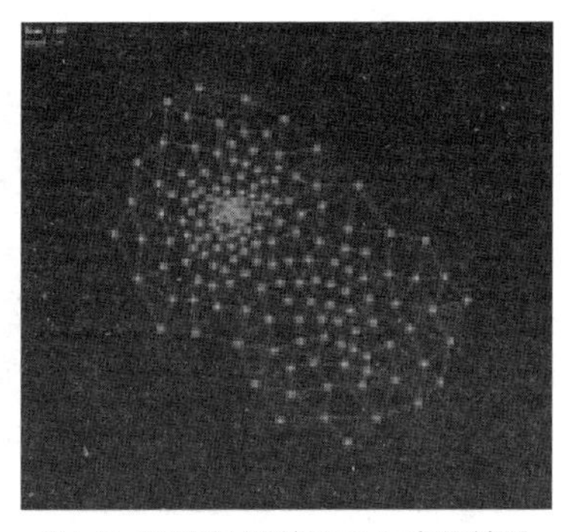

(b) E-SOINN 训练 100 万次的结果

图 4.11　使用图 4.10中数据集训练得到的 E-SOINN 结果

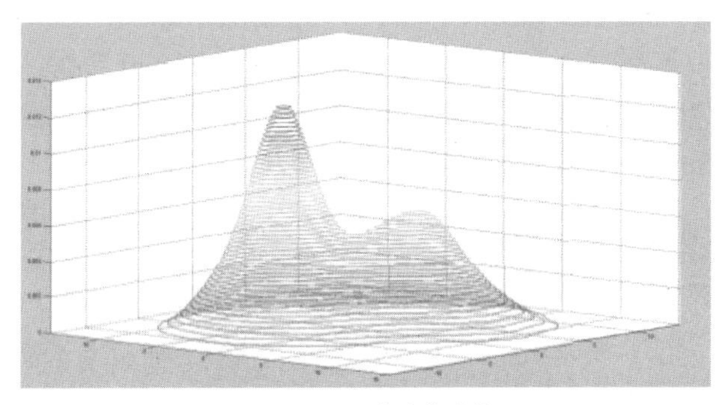

(a) E-SOINN 密度估计结果

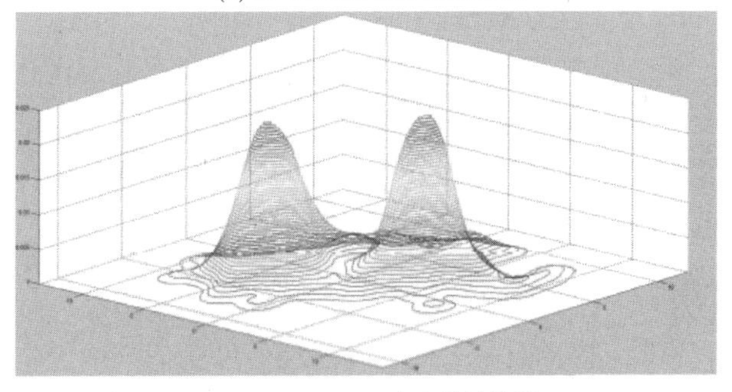

(b) LB-SOINN 密度估计结果

图 4.12　E-SOINN 与 LB-SOINN 对图 4.10中数据集进行密度估计得到的结果

如果要用 E-SOINN 算法来定义类似于图 4.10的分布密度，由于先生成的分布与后输入的分布不匹配，因此得到的密度是不正确的。这个问题可能会导致 E-SOINN 将图 4.10所示的两个高斯分布组合成一个类。

E-SOINN 算法的第二个问题是它删除了类之间出现的高密度重叠区域，但由于算法不稳定，子类会反复组合和分离。

第三个问题是 E-SOINN 使用欧氏距离来寻找最近的节点。随着维数的增长，欧氏距离的概念变得不那么精确，因为给定数据集中任意两点之间的距离因拥挤而接近于零。这个问题在高维数据的聚类任务中尤为突出，如 DNA 聚类和文档聚类。因此，E-SOINN 不适用于这些任务。

第四个问题是参数选择困难。E-SOINN 有一些需要用户指定的参数，如邻居阈值和权值学习速率，需要手动选择合适的值，而这些值可能会因数据集的不同而变化，因此很难得到通用的参数选择方法。

因此，上述问题导致 E-SOINN 算法在处理一些复杂的聚类任务时可能不够鲁棒和可靠。

LB-SOINN [42] 的提出解决了部分 E-SOINN 遇到的问题。在 LB-SOINN 中，每个节点的学习时间用来表示其负载，并使用负载平衡算法来增加网络稳定性。此外，LB-SOINN 算法还使用了平滑算法来避免删除类之间的重叠区域时引起的模型不稳定。对于 E-SOINN 难以解决的高维数据，LB-SOINN 提出了一种新的相似性度量，适用于高维在线增量学习任务。后面会详细讲述 LB-SOINN 的每个模块及它们发挥的作用。

4.3.1 LB-SOINN 算法描述

LB-SOINN 的核心框架依然遵循 E-SOINN 算法，因此，LB-SOINN 继承了 E-SOINN 的所有优点，如在线增量学习和对噪声的鲁棒性。此外，LB-SOINN 设计了几种优化操作成功地解决了 E-SOINN 存在的一些缺陷。特别是，E-SOINN 的一个重大缺点是，在相同的环境中重复训练，使用不同的输入序列，会导致拓扑结构的变化，分离类的算法也容易引起混淆，因此在高维空间的聚类任务上表现不佳。相比之下，LB-SOINN 通过引入局部边缘距离和适应性学习率等关键步骤，弥补了 E-SOINN 的缺陷，并显著提高了其性能。下面先介绍 LB-SOINN 的几个关键操作，再梳理整个算法流程。

1. 节点间负载均衡

E-SOINN 使用优胜者或第二优胜者的相似度阈值来确定是否将新的模式分配到网络中。然而，初始的拓扑结构取决于输入数据的顺序，在 E-SOINN 开始训练网络时，很难在网络中插入新的节点，这使得 E-SOINN 在学习过程中不稳定。由于 SOINN 算法需要足够数量的节点来准确表示拓扑结构，因此节点数量过少会导致学习过程不稳定，称之为负载不平衡。为了解决这个问题，LB-SOINN 提出了算法 12（Algorithm 12）来平衡节点之间的负载。该算法由两部分组成：第一部分计算每个节点的负载；第二部分是负载均衡，如果存在一个负载较大的节点，则该节点将会将部分数据集移动到负载较小的节点上。具体来说，如果节点 n_i 的负载大于平均负载 L_{avg}，则该节点将选择负载较小的节点 n_j，并将 n_i 中的部分数据集移动到 n_j 中。通过这个过程，

LB-SOINN 可以使每个节点的负载相对平衡，从而避免节点负载过重导致性能下降的问题。算法 12 中，M_i 表示节点 i 的学习时间，d 表示输入向量的维数，$M_q > 3M_{C_q}^{\text{average}}$ 表示节点 q 所属类的平均学习时间。

Algorithm 12　节点间负载平衡算法

1. 如果 $M_q > 3M_{C_q}^{\text{average}}$，则按以下步骤插入新节点，否则返回。
2. 确定节点 q 的邻居中学习时间最长的节点 f：
$$f = \arg\max_{c \in N_q} M_c$$
3. 将新节点 r 添加到网络中，并将其权值向量从 q 插值到 f:
$$A = A \cup r, \quad \boldsymbol{w}_r = \frac{\boldsymbol{w}_q + \boldsymbol{w}_f}{2.0}$$
4. 减少学习时间 M_q 和 M_f：
$$M_q = \left(1 - \frac{1}{2d}\right) M_q, \quad M_f = \left(1 - \frac{1}{2d}\right) M_f$$
5. 将新增节点的学习时间 M_r 插值：
$$M_r = \frac{M_q + M_f}{2}$$
6. 将累积点 h_r 均值插值：
$$h_r = \frac{h_q + h_f}{2}$$
7. 插入新节点 r 与节点 q 和 f 之间的边，并删除 q 和 f 之间的原边。

LB-SOINN 算法还采用了一些技巧来使算法更适用于增量学习任务。为了保持先前学习的知识，LB-SOINN 使用类别的平均学习时间作为标准水平来平衡节点的负载。这种方法可以确保新输入的模式不会对已经学习的知识造成影响。在 SOINN 算法中，随着节点数量的增加，节点需要维护的信息也会增加，从而增加了节点的计算负担。当节点数量巨大时，一些节点的计算负担可能会很重，从而影响整个算法的性能。为了解决这个问题，LB-SOINN 算法定期检查节点的负载情况，并将任务转移到空闲的节点上，以平衡节点之间的计算负载。这样可以避免节点之间的负载不平衡，提高算法的效率和性能。

2. 基于 Voronoi 划分的子类平滑和分离算法

在 E-SOINN 算法中，由于原型节点的生成和删除会导致子类的重复组合与分离，因此 LB-SOINN 提出了一个平滑过程来解决这个问题。为了更清晰地描述算法，本节使用"密度顶点"来表示具有局部最大密度的节点，例如，图 4.13中的 A、B、C 和 D 是密度顶点。平滑过程必须从高密度的密度顶点开始到低密度的密度顶点结束，否则会导致组合错误和算法效率下降。此外，为了避免密度顶点之间的错误合并和波动，LB-SOINN 提出了算法 13（Algorithm 13）和算法 14（Algorithm 14）。在节点分类过程中，LB-SOINN 使用 Voronoi

划分（Voronoi tessellation）对节点进行分类，并通过平滑操作将节点从一个类移动到另一个类以平衡负载。该过程包括四个步骤：（1）对 SOINN 中的每个节点进行 Voronoi 划分，将其划分为一个簇；（2）计算每个簇的平均负载，并找到最大和最小负载的簇；（3）通过从最大负载簇中选择一些节点并将它们分配到最小负载簇中来平衡负载；（4）为了减少类之间的突变，使用平滑操作使节点逐渐从一个类移动到另一个类。采用这种方式，LB-SOINN 能够避免类的剧烈变化，从而使节点分类更加稳定和准确，提高算法的效率和性能。

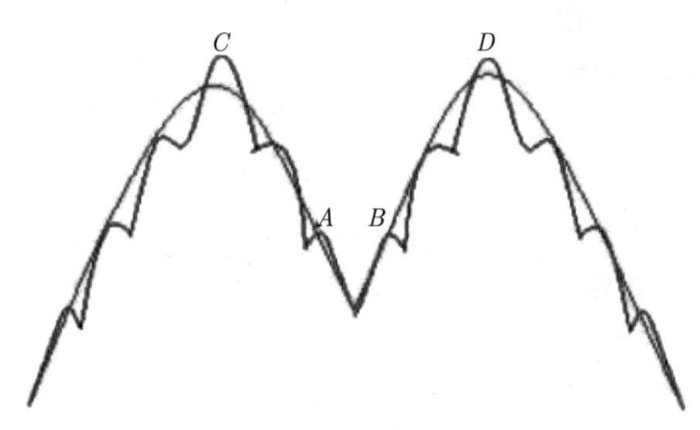

图 4.13　覆盖区域的平滑分布

Algorithm 13　分离和下降平滑算法（SDSA）

1. 如果一个节点具有局部最大密度，则该节点称为密度顶点。找到复合类中的所有顶点，将所有顶点放在节点集 LM 中，并给顶点不同的标签。
2. 根据顶点标签对所有其他节点进行分类 (例如，给一个非顶点的节点赋予其距离最近的顶点相同的标签)。
3. 如果连接的节点有不同的标签，则节点位于重叠区域。
4. 搜索节点集 LM，找出所有密度大于 β 的节点，之后将这些节点放在节点集 K 中。β 的计算公式为
$$\beta = \min(\gamma^2 h_{\text{mean}}, (1/\gamma)h_{\max}) \tag{4.9}$$
其中，γ 是由用户确定的参数 ($1 < \gamma < 2$)，h_{mean} 是节点集 LM 中节点的平均密度，$h_{\max}$ 是节点集 LM 中节点的最大密度。
5. 基于节点集 K，生成节点集 LM 的 Voronoi 区域。定义一个特定节点 K_i 的 Voronoi 区域 V_i 为 LM 中 K_i 是最近节点的所有节点的集合，表示为
$$V_i = c \in \text{LM} | i = \arg\min_{j \in K} D(c, j) \tag{4.10}$$
6. 使用算法 14平滑在步骤 5 中生成的所有 Voronoi 区域。

Algorithm 14　平滑 Voronoi 区域算法

1. 对于顶点集 LM 中的一个密度顶点 K_i，如果它与其 Voronoi 区域 V_i 中的另一个顶点 j 有重叠区域，则将 j 放入节点集 O_{K_i} 中。
2. 如果 O_{K_i} 为空，则返回；否则，执行步骤 3。

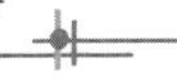

3. 对于每个元素 $j \in O_{K_i}$，如果满足下面两个条件之一，则将 j 和 K_i 合并为新的顶点 $K_{i]}$。

$$h_{OA} > \alpha_{K_i} h_{K_i}, \ h_{OA} > \alpha_j h_j \tag{4.11}$$

其中，h_{OA} 为重叠区域的平均密度。α_{K_i} 和 α_j 代表一个阈值函数的输出，该阈值函数由子块中的平均值和峰值决定，当峰值小于两倍的平均值时，$\alpha = 0$；当峰值介于两倍的平均值和三倍的平均值之间时，$\alpha = 0.5$；当峰值大于三倍的平均值时，$\alpha = 1$。h_{K_i} 为节点 K_i 的密度，h_j 为节点 j 的密度。

LB-SOINN 算法使用 Voronoi 划分来确定节点的类，从而提高了分类的准确性和算法效率。使用 Voronoi 划分可以确保在同一类中节点之间的空间距离是最近的。同时，通过平滑操作使节点分类逐渐变化，可以减少分类的突变，使算法更加稳定和可靠。

为了确定密度边界并提高算法效率，LB-SOINN 采用式(4.9)来计算密度边界。在这个过程中，LB-SOINN 将密度高于边界的密度顶点放入节点集 K 中，而将密度低于边界的密度顶点归入节点集 K 中元素对应的 Voronoi 区域。为了避免组合可能属于不同子类的密度顶点，平滑过程只发生在同一 Voronoi 区域的密度顶点之间。此外，为了防止算法将没有重叠区域的同一 Voronoi 区域的密度顶点组合在一起，LB-SOINN 提出了算法 14。在算法 14中，平滑过程从 Voronoi 区域的中心开始，以迭代的方式进行。如果中心密度顶点与其他密度顶点之间有重叠区域，则中心密度顶点与其他密度顶点合并，以满足条件式(4.11)。需要注意，在算法的每次迭代期间，前一次迭代中没有重叠的密度顶点可能在当前迭代中重叠。

3. LB-SOINN 的度量框架

之前提到，E-SOINN 算法使用欧氏距离作为度量标准。然而，当数据的维度很高时，欧氏距离的有效性会受到影响，因为不同向量之间的距离变得非常相似，这种现象称为维度灾难。为了克服这个问题，研究人员提出了许多度量算法，如余弦距离、曼哈顿距离和分数距离等。局部敏感哈希（LSH）是一种广泛应用于高维近似相似度搜索问题的算法。然而，LSH 存在一个重要缺陷，即内存消耗非常高，不能用于在线增量学习任务。另外，在基于内容的相似度搜索任务中，采用单独的反馈算法来选择最佳度量标准来替代欧氏距离，但这种方法也不能用于在线增量学习任务。

为了解决这些问题，LB-SOINN 提出了一个度量组合框架，将欧氏距离与其他度量算法相结合，这种度量框架在高维空间非常有用，并且适用于在线自组织增量学习任务，以缓解维数灾难。

在 LB-SOINN 的度量算法中，用 $D(p,q)$ 表示节点 p 和 q 之间的距离，D 为数据维度，λ 为用户确定的参数，n 为距离测量次数，EU_{pq} 表示节点 p 和 q

之间的欧氏距离，$\mathrm{EU}_{\min}$ 和 $\mathrm{EU}_{\max}$ 分别表示网络中任意两个节点之间的最小和最大欧氏距离。$\mathrm{EU}_{\max}$ 始终是训练阶段的最大欧氏距离，因此 $\mathrm{EU}_{\max}$ 的值只会增加。同样，$\mathrm{EU}_{\min}$ 只在训练阶段下降。D_i^{pq}、$D_i^{\min}$ 和 $D_i^{\max}$ 属于第 i 次度量过程，分别对应 EU_{pq}、$\mathrm{EU}_{\min}$ 和 $\mathrm{EU}_{\max}$。度量算法公式如下：

$$D(p,q)=\frac{1}{\lambda^d}\frac{\mathrm{EU}_{pq}-\mathrm{EU}_{\min}}{1+\mathrm{EU}_{\max}-\mathrm{EU}_{\min}}+\sum_{i=1}^{n}\frac{1}{n}(1-\frac{1}{\lambda^d})\frac{D_i^{pq}-D_i^{\min}}{1+D_i^{\max}-D_i^{\min}} \tag{4.12}$$

为了结合不同尺度下的不同度量算法，LB-SOINN 将两个节点之间的距离归一化，如式 (4.14) 所示。这样的效果是，当输入维数增加时，式 (4.14) 中欧氏距离的值所占的比重减小；相应地，其他度量算法的值比重增加。因此，通过式(4.12)所表示的度量过程，LB-SOINN 既利用了低维空间的欧氏距离，又适用于高维空间的学习任务。此外，该度量算法不依赖于输入数据的统计信息。因此，它适用于在线增量自组织学习任务或输入数据样本有限的学习任务。在 LB-SOINN 结合度量算法的时候，余弦距离由于其特性常用于与欧氏距离相结合。余弦距离定义如下：

$$\mathrm{CO}_{pq}=1-\cos\theta=1-\frac{\boldsymbol{w}_p\cdot\boldsymbol{w}_q}{||\boldsymbol{w}_p||||\boldsymbol{w}_q||} \tag{4.13}$$

其中 θ 是向量 $\boldsymbol{w}_p$ 和 $\boldsymbol{w}_q$ 的夹角。欧氏距离和余弦距离的结合可以表示为

$$D(p,q)=\frac{1}{\eta^d}\frac{\mathrm{EU}_{pq}-\mathrm{EU}_{\min}}{1+\mathrm{EU}_{\max}-\mathrm{EU}_{\min}}+(1-\frac{1}{\eta^d})\frac{\mathrm{CO}_{pq}-\mathrm{CO}_{\min}}{1+\mathrm{CO}_{\max}-\mathrm{CO}_{\min}} \tag{4.14}$$

SOINN 模型中新的相似阈值 T_i 由式(4.15)第一项计算，利用节点 i 与其邻居节点之间的最大距离。如果节点 i 没有邻居节点，则用式(4.15)后一项作为节点 i 与网络中其他节点之间的最小距离来计算新的阈值:

$$\begin{aligned}T_i&=\max_{j\in N_i}D(i,j)\\T_i&=\max_{j\in N_i\ \{i\}}D(i,j)\end{aligned} \tag{4.15}$$

此外，第 i 个节点与其邻居节点的平均距离计算如下：

$$\bar{d_i}=\frac{1}{m}\sum_{j=1}^{m}D(i,j) \tag{4.16}$$

LB-SOINN 还对两个节点之间的距离进行归一化（见式(4.17)），当新模式输入网络时，$\mathrm{EU}_{\max}$、$\mathrm{EU}_{\min}$、$D_i^{\max}$ 或 $D_i^{\min}$ 会发生变化。此时 E-SOINN 算法中节点的密度将失去意义，因为网络中已经存在的节点的密度可能低于

稍后插入的节点的密度。当 LB-SOINN 使用式(4.16)计算与新节点的邻居节点的平均距离时，$\mathrm{EU}_{\max}$ 或 $D_i^{\max}$ 可能明显大于 LB-SOINN 使用旧节点的平均累积点计算得到的 $\mathrm{EU}_{\max}$ 或 $D_i^{\max}$（这里假设 $\mathrm{EU}_{\min}$ 和 $D_i^{\min}$ 不变）。换句话说，旧节点和新节点的邻居节点的平均距离应该依据不同的尺度计算和归一化。

LB-SOINN 提出一种对度量距离进行归一化的方式，使用新的密度定义来解决上述问题。其基本思想是，当 $\mathrm{EU}_{\max}$、$\mathrm{EU}_{\min}$ 和 $D_i^{\max}$ 或 $D_i^{\min}$ 发生变化时，更新网络中节点的累积点。节点 i 与其邻居的平均距离 $\boldsymbol{d}_i$ 新定义如下：

$$\boldsymbol{d}_i=\left(\frac{1}{\eta^d}\frac{1}{m}\sum_{j=1}^{m}\frac{\mathrm{EU}_{ij}-\mathrm{EU}_{\min}}{1+\mathrm{EU}_{\max}-\mathrm{EU}_{\min}},\cdots,\frac{1}{n}\left(1-\frac{1}{\eta^d}\right)\frac{1}{m}\sum_{j=1}^{m}\frac{D^{ij}-\mathrm{EU}_{\min}}{1+\mathrm{EU}_{\max}-\mathrm{EU}_{\min}}\right) \tag{4.17}$$

其中 m 是邻居的数量。并且每个元素的 $\boldsymbol{d}_i$ 大于 0 且小于 1。新定义的点可以计算如下：

$$\boldsymbol{p}_i=\begin{cases}\mathbf{1}_i-\boldsymbol{d}_i, & i\text{是获胜者}\\ \mathbf{0}_i, & i\text{不是获胜者}\end{cases} \tag{4.18}$$

LB-SOINN 中，分数的定义与 E-SOINN 不同：如果节点 i 与其邻居节点的平均距离很大，并且该区域的节点数量很少，LB-SOINN 给节点 i 标注为低分（低意味着向量 $\boldsymbol{p}_i$ 中的元素和很小）；相反，如果节点 i 与其邻居节点的平均距离很小，则该区域的节点数量很多，因此该区域的密度会很高，LB-SOINN 给节点 i 打高分（高意味着向量 $\boldsymbol{p}_i$ 中的元素和很大）。对于一次迭代，当节点 i 获胜时，LB-SOINN 只计算节点 i 的点数。本次迭代所有其他节点的点数均为 0。这个定义不同于 E-SOINN，以确保当 $\mathrm{EU}_{\max}$、$\mathrm{EU}_{\min}$、$D_i^{\max}$ 或 $D_i^{\min}$ 发生变化时，算法可以很容易地重新计算节点的密度。

LB-SOINN 中，累积点 $\boldsymbol{s}_i$ 是根据学习期间节点 i 的点数总和计算得出的：

$$\boldsymbol{s}_i=\sum_{j=1}^{m}\left(\sum_{k=1}^{\lambda}\boldsymbol{p}_i^{jk}\right) \tag{4.19}$$

其中 λ 为一个学习周期内输入信号的个数，m 为学习周期的个数（可用 IT/λ 计算，其中 IT 表示输入信号总数）。节点 i 的平均累积点（密度）定义如下：

$$h_i=\frac{1}{N}f(\boldsymbol{s}_i) \tag{4.20}$$

其中 N 与 E-SOINN 中的含义相同，表示该周期内大于 0 的累计点 $\boldsymbol{s}_i$ 的个数；$f(\cdot)$ 是计算向量 $\boldsymbol{X}$ 中元素之和的函数。当 $\mathrm{EU}_{\max}$、$\mathrm{EU}_{\min}$、$D_i^{\max}$ 或 $D_i^{\min}$ 发

生变化时，LB-SOINN 更新网络中存在的节点的累积点：

$$\boldsymbol{s}_i = \boldsymbol{k} \cdot (\boldsymbol{s}_i - \boldsymbol{G}_i) - G_i \boldsymbol{b} + \boldsymbol{G}_i \tag{4.21}$$

其中 $\boldsymbol{G}_i$ 表示周期内 $\boldsymbol{p}_i$ 不等于 0 时的数量。矢量 $\boldsymbol{G}_i$、$\boldsymbol{k}$ 和 $\boldsymbol{b}$ 通过如下公式给定：

$$\begin{aligned}
&\boldsymbol{G}_i = (G_i, G_i, \cdots, G_i) \\
&\boldsymbol{k} = \left(\frac{1 + \mathrm{EU}_{\max} - \mathrm{EU}_{\min}}{1 + \mathrm{EU}'_{\max} - \mathrm{EU}'_{\min}}, \cdots, \frac{1 + D_i^{\max} - D_i^{\min}}{1 + (D_i^{\max})' - (D_i^{\min})'} \right) \\
&\boldsymbol{b} = \left(\frac{1}{\eta^d} \frac{\mathrm{EU}_{\min} - \mathrm{EU}'_{\min}}{1 + \mathrm{EU}'_{\max} - \mathrm{EU}'_{\min}}, \cdots, \frac{1}{n} \left(1 - \frac{1}{\eta^d} \right) \times \right. \\
&\qquad \left. \frac{D_i^{\min} - (D_i^{\min})'}{1 + (D_i^{\max})' - (D_i^{\min})'} \right)
\end{aligned} \tag{4.22}$$

其中 $\mathrm{EU}_{\max}$、$\mathrm{EU}'_{\min}$、$(D_i^{\max})'$ 和 $(D_i^{\min})'$ 是迭代后的新值。另外，没有上标 $'$ 的是旧值。

4. LB-SOINN 总体算法描述

综合上述几个模块，LB-SOINN 提出了一套无监督在线学习算法（算法 15）。概括来说，算法包括以下几个过程。

（1）初始化：创建一个具有两个神经元的 SOINN 图，一个代表数据空间的输入神经元和一个代表负载空间的输出神经元。

（2）加载数据：将新的数据样本输入 SOINN 中，找到它在输入空间中最近的输入神经元和在负载空间中最轻的输出神经元，然后将新数据分配给它们。

（3）监测负载：在每个时刻，计算每个输出神经元的负载，如果任何一个输出神经元的负载超过了阈值，则进行负载均衡。

（4）负载均衡：选择具有最重负载的输出神经元，将它的一部分数据重新分配给最轻的相邻输出神经元，为了避免局部最小值，还需要移除一些不必要的输出神经元。

（5）训练权值：将输入神经元和输出神经元之间的权值更新为更好表示数据分布的值。

（6）移除神经元：如果一个输出神经元在没有相邻输入神经元的情况下，负载仍然很轻，则将其移除。LB-SOINN 是一个迭代算法，重复上述操作（2）～（6），直至达到停止条件。

Algorithm 15 完整的 LB-SOINN 算法流程

初始化神经元集合 $\mathcal{A}=\{a_1,a_2\}$，初始的两个神经元 $\{a_1,a_2\}$ 的权值 $\boldsymbol{w}_1,\boldsymbol{w}_2$ 使用训练数据中先被输入的两个向量进行初始化；初始化边集合 $\mathcal{C}\subseteq\mathcal{A}\times\mathcal{A}$ 为空集，即神经元之间没有初始连接。

2. 输入新模式 $\varepsilon\to\mathbb{R}^n$。
3. 判断 $\mathrm{EU}_{\max}$、$\mathrm{EU}_{\min}$、$D_i^{\max}$ 或 $D_i^{\min}$ 是否发生变化。如果其中之一发生变化，则更新 A 中节点的密度。
4. 通过 $a_1=\min\limits_{a\to\mathcal{A}}D(\varepsilon,a)$, $a_2=\min\limits_{a\to\mathcal{A}_{a_1}}D(\varepsilon,a)$ 搜索最近的节点（获胜者）a_q 和第二最近的节点（第二获胜者）a_2。如果 ε 与 a_1 或 a_2 的距离大于相似度阈值 T_{a_1} 或 T_{a_2}，则输入信号为新节点，将其加入 $\mathcal{A}$ 中，转到步骤 2 处理该信号。
5. 将所有与 a_1 相连的边的年龄增加 1。
6. 利用算法 6 判断 a_1 和 a_2 之间是否需要建立连接。
7. 更新获胜者的密度。
8. a_1 的学习时间加 1，即 $M_{a_1}(t+1)=M_{a_1}(t)+1$。
9. 调整获胜者的权值向量及其直接使用节点的拓扑邻居。
10. 找到年龄大于预定义参数 $\mathrm{age}_{\max}$ 的边，之后删除这些边。
11. 如果到目前为止生成的输入信号的数量是参数 λ 的整数倍，则

    a）使用算法 12平衡节点负载；

    b）通过算法 13更新每个节点的子类标签；

    c）按照如下方式删除噪声引起的节点；

    i）对于 $\mathcal{A}$ 中的所有节点，如果节点 a 有两个邻居，且 $h_a<c_1\sum\limits_{j=1}^{N_{\mathcal{A}}}h_j/N_{\mathcal{A}}$，则去掉节点$a$；

    ii）对于 $\mathcal{A}$ 中的所有节点，如果节点 a 有一个邻居，并且 $h_a<c_2\sum\limits_{j=1}^{N_{\mathcal{A}}}h_j/N_{\mathcal{A}}$，则删除节点 a；

    iii）对于 $\mathcal{A}$ 中的所有节点，如果节点 a 没有邻居，则删除节点 a。
12. 如果学习过程完成，则将节点分到不同的类中。
13. 如果学习未完成，则转步骤 2 继续进行无监督在线学习。

4.3.2 LB-SOINN 算法的性能测试

LB-SOINN 中有 6 个参数（c_1 与 c_2 作用相同）。λ 用于定义节点删除的频率，λ 值越大，节点删除得越少，意味着保留的神经元越多，删除的噪声越少。$\mathrm{age}_{\max}$ 用于定义每条边的生命周期。相对较大的 $\mathrm{age}_{\max}$ 值将导致更大、更稳定的邻居集，这将导致更稳定的网络拓扑结构。但噪声节点容易形成稳定的结构，删除噪声节点需要相当长的时间。c_1（或 c_2）用于控制删除行为。较大的 c_1（或 c_2）值将有助于较高的噪声容忍，然而，更多有用的节点会被同时删除。γ 用于计算密度阈值以寻找局部子类的近似中心。η 用于定义控制在距离组合框架中使用的不同距离的比例。在所有实验中，LB-SOINN 使用参数优化算法

来寻找这些参数的近似值。

LB-SOINN 在两个人工数据集和三个真实数据集上测试了提出的神经网络算法。为了和 E-SOINN 比较，LB-SOINN 选择相同的人工数据集测试两种算法。参数设置如下：$\lambda = 100, \text{age}_{\max} = 50, c_1 = 0.001, c_2 = 1.0$。实验中设 λ，$\text{age}_{\max}$，c_1, c_2 与 E-SOINN 中的 λ，$\text{age}_{\max}$，c_1, c_2 相同，LB-SOINN 中 $\gamma = 1.3$，$\eta = 1.001$。

LB-SOINN 通过比较节点的学习时间，并使用核密度估计（KDE）算法来估计拓扑结构的密度。LB-SOINN 不使用任何经验规则或数据参数模型来选择最佳的两个带宽参数。与 E-SOINN 相比，LB-SOINN 具有更好的节点平衡性，即节点学习时间更加均衡，避免了某些区域节点数量不足、学习时间较长的问题。图 4.14 展示了使用 E-SOINN 和 LB-SOINN 的节点学习时间。实验中用到的数据如图 4.10所示。图 4.12比较了 E-SOINN 与 LB-SOINN 对这组数据进行密度估计得到的结果。实验结果显示，有时 E-SOINN 无法获得输入模式的精确拓扑表示，而 LB-SOINN 克服了这一问题，表明它比 E-SOINN 更稳定。

图 4.14　使用 E-SOINN 和 LB-SOINN 的节点学习次数

LB-SOINN 算法还使用了一个人工数据集（如图4.15所示）来评估 E-SOINN 算法。该数据集由两个高斯分布、两个环形分布和一个正弦分布组成，并且输入数据包含占总样本数 10% 的随机噪声。在 LB-SOINN 算法中，参数 $\lambda = 100$, $\text{age}_{\max} = 100$, $c_1 = 0.001$, $c_2 = 1.0$，$\gamma = 1.3$，$\eta = 1.001$，都被设定为常数。图 4.16描述了平稳和非平稳环境下的聚类结果。结果表明，LB-SOINN 算法不依赖于输入数据的顺序，具有稳定的性能。虽然图中左上角的两个重叠的类有些许差异，但这并不会影响模型的性能，因为 LB-SOINN 算法在输入数据中添加了随机噪声，并且这两个图是基于在线增量过程绘制的。

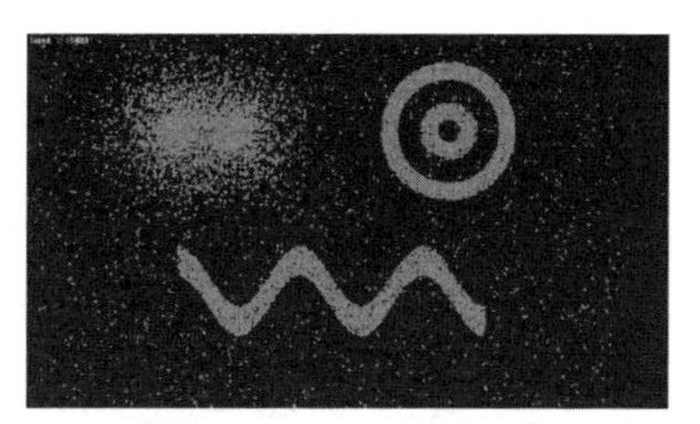

图 4.15 人工数据集

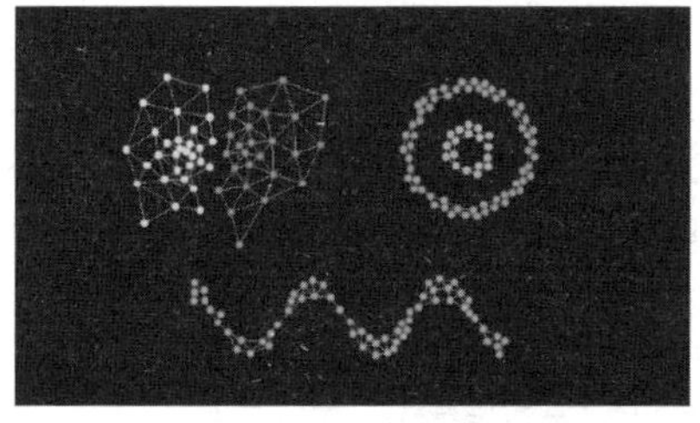

(a) LB-SOINN 平稳聚类结果

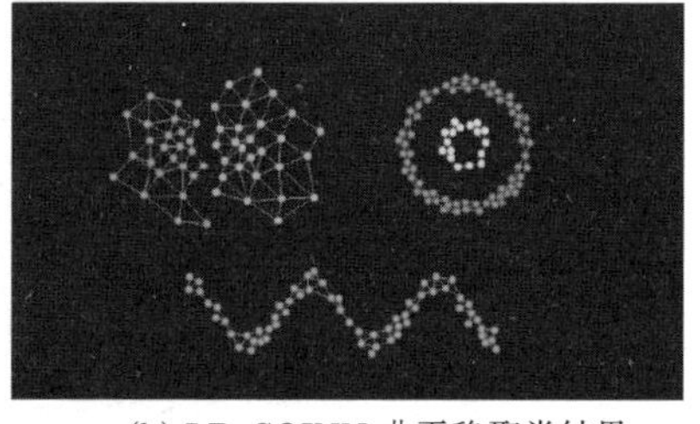

(b) LB-SOINN 非平稳聚类结果

图 4.16 LB-SOINN 算法在图 4.15人工数据集上的表现

上述实验都是在人工数据集上进行的。下面将展示 LB-SOINN 在 AT&T 真实的人脸数据集（如图 4.17所示）上的表现。该数据集包括 40 个不同的受试者，每个受试者有 10 个不同的图像，这些受试者的年龄和种族各不相同。对于某些受试者，这些图像是在不同的时间拍摄的，面部表情（睁开/闭上眼睛，微笑/不微笑）和面部细节（戴眼镜/不戴眼镜）都有变化。所有照片都是在黑暗均匀的背景下拍摄的，受试者保持正面直立的姿势（可以容忍一些侧移）。LB-SOINN 从这个数据集中选择了 10 个类别，并使用最近邻插值算法对从 92×112 到 23×28 的数据集中的图像进行重新采样。然后对宽度为 $w = 4$, $\sigma = 2$ 的图像进行高斯平滑处理，得到特征向量，如图 4.18所示。

图 4.17 AT&T FACE 原始人脸图像

分别在平稳和非平稳环境下测试了 E-SOINN 和 LB-SOINN 的性能，并将参数设置为 $\lambda = 25$, $\text{age}_{\max} = 25$, $c_1 = 0.0$, $c_2 = 1.0$, $\gamma = 1.3$, $\eta = 1.001$。在训练后，LB-SOINN 先从网络中获得原型向量，再利用这些原型向量对原始人脸图像进行分类并计算识别率。相比之下，LB-SOINN 的识别率明显高于 E-SOINN，在平稳环境下为 96.3%，在非平稳环境下为 96.5%；而 E-SOINN 在平稳环境下为 90.3%，在非平稳环境下为 86%。平稳和非平稳环境下的类别分布的相似性也表明 LB-SOINN 不依赖于输入数据的顺序，比 E-SOINN 更加稳定。为了比较 E-SOINN 和 LB-SOINN 的稳定性，LB-SOINN 进行了与 E-SOINN 相同的步骤：（1）对 E-SOINN 和 LB-SOINN 进行了 1000 次训练，（2）记录了类别数的频率。图 4.19显示了类别数的分布。LB-SOINN 的类别数分布明显比 E-SOINN 更窄，并且在接近 10 个类别时，LB-SOINN 的频率明显高于 E-SOINN。此外，平稳环境下和非平稳环境下的类别数分布非常相似，这表明 LB-SOINN 比 E-SOINN 更加稳定。

图 4.18　人脸图像的特征向量

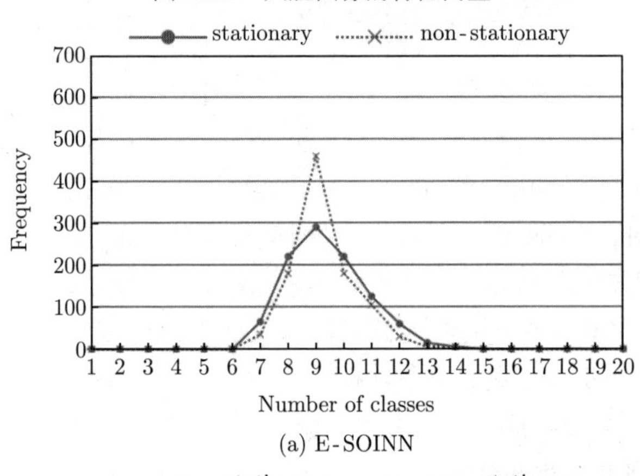

(a) E-SOINN

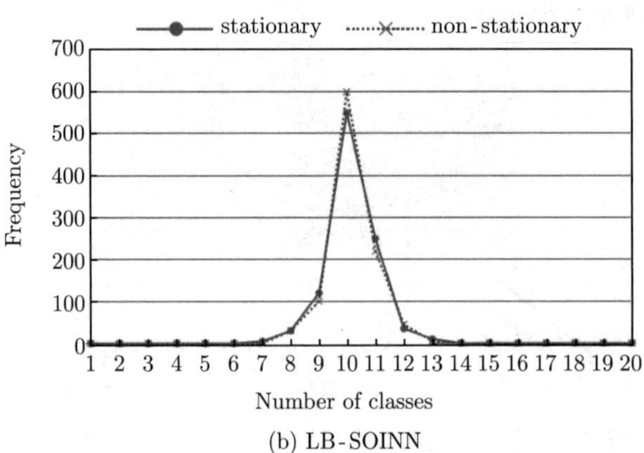

(b) LB-SOINN

图 4.19　人脸图像数据集上的类别数分布

通过测试 E-SOINN 和 LB-SOINN 在高维空间对两个文本数据集 (WebKb 数据集和 R8 数据集) 的性能，可以进一步验证 LB-SOINN 在真实世界任务中的表现。WebKb 数据集包含 CMU 文本学习小组的 World Wide Knowledge Base 项目于 1997 年 1 月从各大学计算机科学系收集的 WWW 页面，数据集被手工分类为学生、教师、员工、部门、课程、项目和其他几个类别。LB-SOINN 只选择了项目、学生、教师和课程类别进行测试。R8 数据集是 Reuters-21578（路透社文档）的子集，该数据集最初是由卡内基集团和路透社收集和标记的，仅考虑具有单个主题的文档及至少具有一个训练集和一个测试示例的类。这两个数据集在训练前都进行了预处理操作，包括删除停止词、修剪词干等。LB-SOINN 不仅与 E-SOINN 进行了比较，还与一些常用的文档聚类或分类算法进行了比较，包括支持向量机（线性核）、SVM-NN、k-NN 和 Naive-Bayes。SVM-NN 是一种结合 k-NN 和支持向量机的混合分类算法。同时还将 LB-SOINN 中的距离组合框架引入 E-SOINN（起名为 E-SOINN-df）中，并与之进行了比较。在 WebKb 数据集上，图 4.20展示了不同算法的实验结果。LB-SOINN 的参数设置为 $\lambda = 25$，$\text{age}_{\max} = 25$，$c_1 = 0.0$，$c_2 = 1.0$，$\gamma = 1.3$ 和 $\eta = 1.001$。LB-SOINN、SVM、SVM-NN、k-NN 和 Naive-Bayes 的最大准确率分别为 81.21%、84.21%、70.68%、82.11% 和 84.55%。LB-SOINN 的准确率不如 SVM、k-NN 和 Naive-Bayes。另外，图 4.21所示的 R8 数据集上的结果分别为 89.71%、93.34%、81.48%、80.35% 和 81.11%。在这个数据集上，LB-SOINN 的准确率也不如 SVM。

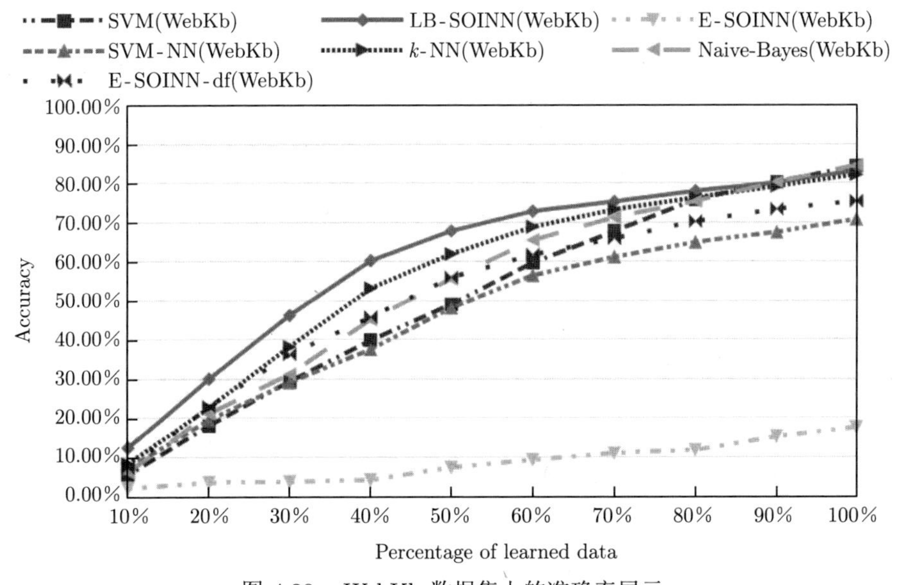

图 4.20　WebKb 数据集上的准确率展示

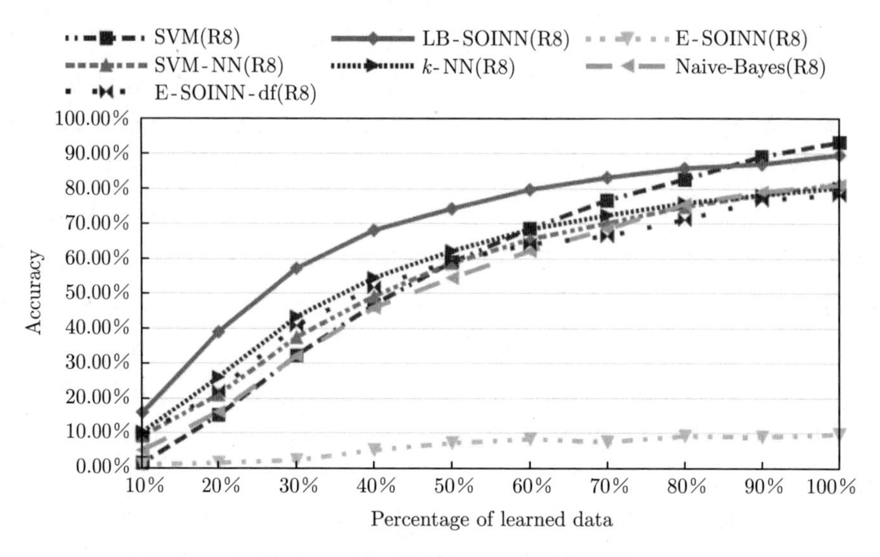

图 4.21 R8 数据集上的准确率展示

尽管 LB-SOINN 是一种在线无监督学习算法，它仍可以在有限的数据集上获得令人满意的准确性。这个特性使得 LB-SOINN 比 SVM 更适合实际任务。

另外，E-SOINN 不擅长处理高维数据，在这两个数据集上的表现较差。即便使用了新的组合距离定义，E-SOINN 的性能也无法超过 LB-SOINN，因为它的稳定性不够。实验证明 LB-SOINN 在高维空间具有良好的性能。

总结 LB-SOINN 算法的实验，得出以下几个重要结论。

（1）LB-SOINN 算法在无监督学习中具有较好的性能，并且可以在有限的数据集上获得令人满意的准确性，比 SVM 更适合实际任务。

（2）在 WebKb 和 R8 两个文本数据集上，LB-SOINN 的表现不如 SVM、k-NN 和 Naive-Bayes 等常用的文档聚类或分类算法，但准确率仍然达到了较高水平。

（3）在高维空间，LB-SOINN 算法比 E-SOINN 算法的表现更稳定，具有良好的性能。E-SOINN 算法虽然可以使用新的组合距离定义处理高维数据，但性能仍不如 LB-SOINN 算法。

（4）在实验中，对 LB-SOINN 算法的参数设置进行优化，可以获得更好的性能。

4.4 LD-SOINN 算法

在处理高维度数据时，由于数据具有许多特征，SOINN 算法容易受到噪声和异常样本的影响，而且拓扑结构的生成也非常耗时，效率比较低。

为了解决这些问题，Local Distribution SOINN（LD-SOINN）[43] 算法采用了一种局部分布式学习的方法，将数据空间划分为多个小组，在每个小组内使用 SOINN 算法生成拓扑结构。这种分组的方式可以减少处理大量特征的计算复杂度，并提高算法的鲁棒性和准确性。同时，不同小组之间通过信息交换可以提高分类和识别的能力，还可以使算法的可扩展性更强。

总的来说，LD-SOINN 算法旨在将 SOINN 算法的优点与局部分布式学习相结合，提高算法对高维度数据处理的效率、准确性和可扩展性。

4.4.1　LD-SOINN 算法描述

LD-SOINN 算法遵循一个特殊的网络框架，总体结构如图 4.22所示。LD-SOINN 继承并发展了 Self Organizing Map（SOM）算法。在特征空间上相邻的模式即“相似模式”，被映射到同一节点或网络中相邻的节点。LD-SOINN 的结构分为两层：输入层和竞争层。其中，输入层用于接收外部数据，竞争层用于处理接收到的数据并记录学习结果。在初始状态，竞争层结构未预定义，它是以增量方式学习外部数据而自动获得的。与 SOM 不同的是，LD-SOINN 采用“winer-take-all”的方式来更新获胜节点。它不使用邻域函数来适应获胜节点的邻居。LD-SOINN 中的节点不仅记录了权值向量，还记录了其局部区域周围的数据分布信息，即协方差矩阵，如图 4.22中的椭球体所示，特征空间中彼此靠近的节点是相连的。如果可以获得简洁的数据表示，则在学习过程中将合并连接的节点。

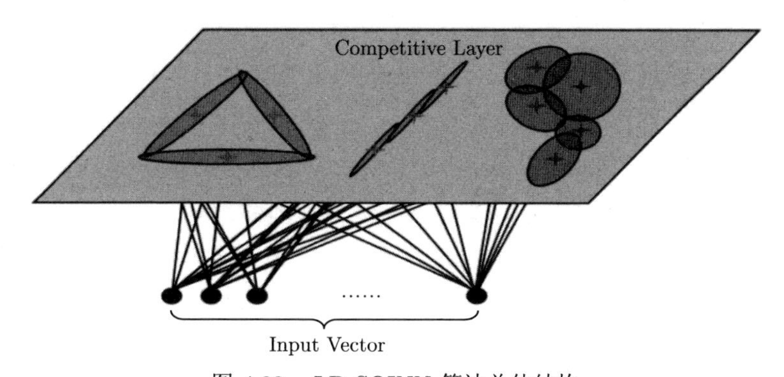

图 4.22　LD-SOINN 算法总体结构

LD-SOINN 算法的工作流程如图 4.23所示。其过程可以概括为：接收到输入模式后，LD-SOINN 首先进行节点激活，找到记录在激活节点集合 S 中的一些激活节点。然后根据集合 S 进行节点更新。如果 S 中没有激活节点，则这个输入模式对应的新节点将建立；否则，LD-SOINN 将在激活的节点中找到一个获胜者并更新这个获胜者节点。拓扑维护模块会在 S 中的节点之间创建连接，并将这些连接记录在连接列表集合 C 中。之后，LD-SOINN 将检查获胜者节点及其邻居节点之间的合并条件。如果满足合并条件，将执行获胜节点与其邻居节点之间的合并以获得简洁的局部表示。对学习到的每个模式实施去噪。当学习过程完成后，LD-SOINN 将对学习到的节点进行聚类并输出学习结果。后面将会详细介绍 LD-SOINN 算法的每个工作模块的细节。

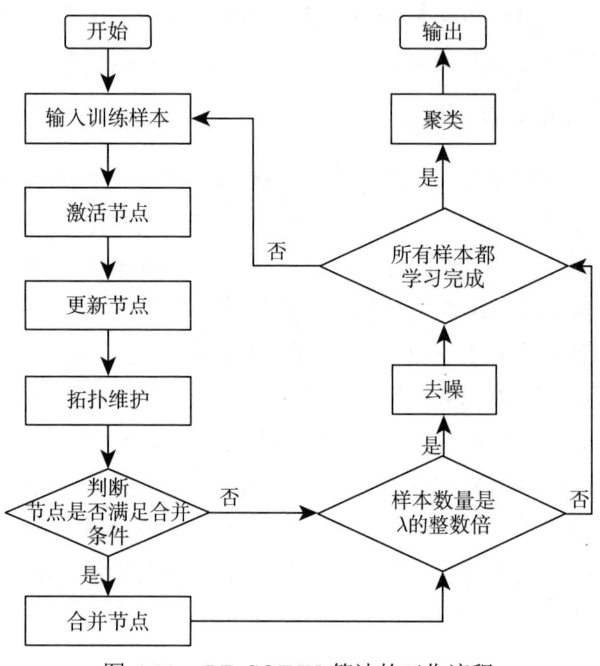

图 4.23　LD-SOINN 算法的工作流程

1. 节点激活算法

在 LD-SOINN 算法中，节点激活算法的主要目的是确定最佳匹配节点（Best Matching Unit，BMU），即输入向量与当前网络中节点之间距离最近的节点。通过 BMU 的确定，可以实现新数据点的分类、聚类及网络拓扑结构的更新等操作。此外，在 LD-SOINN 中，节点的激活状态还用来判断是否需要添加新节点和移除不必要的节点，从而实现网络的自组织和增量学习。节点激活过程如下所述。

接收到输入模式 $\boldsymbol{x}$ 时，用马氏距离计算 $\boldsymbol{x}$ 与竞争层节点 i 之间的距离：

$$D_i(\boldsymbol{x}) = \sqrt{(\boldsymbol{x}-\boldsymbol{c}_i)^{\mathrm{T}}\,\boldsymbol{M}_i^{-1}\,(\boldsymbol{x}-\boldsymbol{c}_i)},\quad i=1,2,\cdots,|N| \tag{4.23}$$

其中，N 是竞争层中的节点集，$|N|$ 表示节点总数。如果 $D_i(\boldsymbol{x}) < H_i$，则定义节点 i 被激活。之后将节点 i 放入一个激活集 S 中，表示为

$$S = \{i \mid D_i(\boldsymbol{x}) < H_i\} \tag{4.24}$$

集合 S 记录输入模式 $\boldsymbol{x}$ 激活的所有节点。当计算 $\boldsymbol{x}$ 和节点 i 之间的马氏距离时，会使用协方差矩阵 $\boldsymbol{M}_i$。尽管从节点 i 周围的少量局部数据样本估计协方差矩阵有时会产生对样本的过拟合，但 LD-SOINN 不会产生全局数据表示中的过拟合问题。随着学习过程的继续，LD-SOINN 合并彼此靠近且具有相似主成分的节点以获得简洁平滑的表示，这避免了对少数局部样本的过度拟合。

2. 节点更新算法

在 LD-SOINN 中，节点更新的主要目的是通过更新节点的权值和属性，使得网络能够更好地适应输入数据的分布情况。具体来说，节点更新包括两个方面：第一是更新 BMU 节点的权重，以使其更好地匹配输入向量；第二是更新 BMU 节点及其邻居节点的属性，包括聚类标签、时间戳和错误计数等，以实现网络的自组织和增量学习。其具体过程如下所述。

如果节点激活后的集合 S 为空，即没有节点被 $\boldsymbol{x}$ 激活，则表示 $\boldsymbol{x}$ 是一个新的知识。为 $\boldsymbol{x}$ 创建一个新节点 $\boldsymbol{a}$：

$$\boldsymbol{a} : \left\langle \boldsymbol{c_a} = \boldsymbol{x}, \boldsymbol{M_a} = \sigma \boldsymbol{I}, n_{\boldsymbol{a}} = 1, H_{\boldsymbol{a}} = \varepsilon_{n_{\boldsymbol{a}}} * \chi^2_{d,q} \right\rangle \tag{4.25}$$

为了使 $\boldsymbol{M_a}$ 非奇异，LD-SOINN 将其初始化为 $\sigma\boldsymbol{I}$，其中，$\boldsymbol{I}$ 是单位矩阵，σ 是一个小的正参数。这种初始化确保协方差矩阵 $\boldsymbol{M_a}$ 在学习过程中是正定的。一个小的正 σ 保证初始椭球体与输入模式 $\boldsymbol{x}$ 紧密收敛；它决定了新节点的初始椭球体的大小。$\varepsilon_{n_{\boldsymbol{a}}}$ 是 $n_{\boldsymbol{a}}$ 的函数，用来控制椭球体的膨胀趋势。$\chi^2_{d,q}$ 是自由度为 d、置信度为 q 的 χ^2 的分布。如果 S 不为空，即一些节点被 $\boldsymbol{x}$ 激活，则表示 $\boldsymbol{x}$ 不是新知识。LD-SOINN 会从 S 中找到一个赢家节点 i^*。它的值以递归方式更新：

$$\begin{aligned}
n_{\text{new}} &= n + 1 \\
\boldsymbol{c}_{\text{new}} &= \boldsymbol{c} + (\boldsymbol{x} - \boldsymbol{c})/(n+1) \\
\boldsymbol{M}_{\text{new}} &= n\boldsymbol{M}/(n+1) + n(\boldsymbol{x} - \boldsymbol{c})(\boldsymbol{x} - \boldsymbol{c})^{\mathrm{T}}/(n+1)^2 \\
H_{\text{new}} &= \varepsilon_{n_{\text{new}}} \chi^2_{d,q}
\end{aligned} \tag{4.26}$$

需要注意的是，对 $\boldsymbol{M_a}$ 求逆矩阵是一个耗时的操作，计算 k 维方阵逆矩阵的时间复杂度高达 $O(k^3)$。在增量学习的过程中，在已知 $\boldsymbol{M}^{-1}$ 时可以使用 Sherman-Morrison 公式增量计算 $\boldsymbol{M}^{-1}_{\text{new}}$。该公式可以写成

$$(\boldsymbol{A}+\boldsymbol{a}\boldsymbol{b}^{\mathrm{T}})^{-1}=\boldsymbol{A}^{-1}+\frac{\boldsymbol{A}^{-1}\boldsymbol{a}\boldsymbol{b}^{\mathrm{T}}\boldsymbol{A}^{-1}}{1+\boldsymbol{b}^{\mathrm{T}}\boldsymbol{A}^{-1}\boldsymbol{a}} \tag{4.27}$$

令 $\boldsymbol{A}=n\boldsymbol{M}/(n+1), \boldsymbol{a}=n(\boldsymbol{x}-\boldsymbol{c}), \boldsymbol{b}=(\boldsymbol{x}-\boldsymbol{c})/(n+1)^2$，代入上式后化简，即可得到

$$\boldsymbol{M}_{\text{new}}^{-1}=(n+1)\boldsymbol{M}^{-1}/n+\frac{[\boldsymbol{M}^{-1}(\boldsymbol{x}-\boldsymbol{c})][(\boldsymbol{x}-\boldsymbol{c}^{\mathrm{T}}\boldsymbol{M}^{-1}]}{n\left[1+\dfrac{1}{n+1}(\boldsymbol{x}-\boldsymbol{c})^{\mathrm{T}}\boldsymbol{M}^{-1}(\boldsymbol{x}-\boldsymbol{c})\right]} \tag{4.28}$$

3. 拓扑维护算法

SOINN 算法中很重要的一块是保留拓扑结构的特征图。特征图由从流形 M 到神经节点 i 的映射 ϕ 确定，其中 $i=1,2,\cdots$。如果相似的特征向量映射到图中靠近的顶点，则映射 ϕ 会保留领域特征，即流形 M 上相似的特征向量 $\boldsymbol{v}_i$ 和 $\boldsymbol{v}_j$ 分配给图 g 中相邻（有连接）的神经节点 i 和 j。

为了满足上述过程，LD-SOINN 根据竞争赫布学习规则以自适应方式构建 g 中神经节点的连接。具体做法是：基于 S 的定义，S 中的所有节点都被当前模式 x 激活。若 S 中的节点 i 和 j 之间不存在连接，LD-SOINN 将在连接集 (边集) 中添加一个新连接 $i,j\ |i\in S,j\in S,i\neq j$。经过一段时间的学习后，这些连接能够将节点组织成完整的图，以表示从数据学习到的不同拓扑结构。回到保留拓扑特征图的描述中，神经节点邻域的定义描述为：两个节点权值向量 $\boldsymbol{w}_i$ 和 $\boldsymbol{w}_j$ 在流形 M 上相邻当且仅当它们在 M 上的感受野 R_i 和 R_j 相邻。感受野 R_i 和 R_j 由 Voronoi 多边形 $R_i=\widetilde{V}_i$ 和 $R_j=\widetilde{V}_j$ 确定：

$$\tilde{V}_i=\{\boldsymbol{v}\in M\mid\|\boldsymbol{v}-\boldsymbol{w}_i\|\leqslant\|\boldsymbol{v}-\boldsymbol{w}_j\|,\forall j\in g\} \tag{4.29}$$

为了在 LD-SOINN 中定义相同的邻域关系，其中顶点之间的距离由马氏距离计算，则节点 i 的 Voronoi 单元可以表示为

$$\tilde{V}_i=\{\boldsymbol{v}\in M\mid D_i(\boldsymbol{v})\leqslant D_j(\boldsymbol{v}),\forall j\in g\} \tag{4.30}$$

其中 D_i 由式(4.23)确定。

根据式(4.30)，向量 $\boldsymbol{v}$ 在节点 i 的感受野中，当且仅当所有与节点 i 相连的节点（记为 j）满足：

$$D_i(\boldsymbol{v})\leqslant D_j(\boldsymbol{v}) \tag{4.31}$$

即

$$(\boldsymbol{v}-\boldsymbol{c}_i)^{\mathrm{T}}\boldsymbol{M}_i^{-1}(\boldsymbol{v}-\boldsymbol{c}_i)\leqslant(\boldsymbol{v}-\boldsymbol{c}_j)^{\mathrm{T}}\boldsymbol{M}_j^{-1}(\boldsymbol{v}-\boldsymbol{c}_j) \tag{4.32}$$

上述不等式约束可以转化为

$$\boldsymbol{v}^{\mathrm{T}}\left(\boldsymbol{M}_i^{-1}-\boldsymbol{M}_j^{-1}\right)\boldsymbol{v}+2\left(\boldsymbol{c}_j^{\mathrm{T}}\boldsymbol{M}_j^{-1}-\boldsymbol{c}_i^{\mathrm{T}}\boldsymbol{M}_i^{-1}\right)\boldsymbol{v}+\left(\boldsymbol{c}_i^{\mathrm{T}}\boldsymbol{M}_i^{-1}\boldsymbol{c}_i-\boldsymbol{c}_j^{\mathrm{T}}\boldsymbol{M}_j^{-1}\boldsymbol{c}_j\right)\leqslant 0 \tag{4.33}$$

因此，LD-SOINN 使用超曲面来定义 g 中节点 i 和节点 j 的 Voronoi 单元之间的划分曲面。数学表示为

$$\boldsymbol{v}^{\mathrm{T}}\left(\boldsymbol{M}_i^{-1}-\boldsymbol{M}_j^{-1}\right)v+2\left(\boldsymbol{c}_j^{\mathrm{T}}\boldsymbol{M}_j^{-1}-\boldsymbol{c}_i^{\mathrm{T}}\boldsymbol{M}_i^{-1}\right)\boldsymbol{v}+\left(\boldsymbol{c}_i^{\mathrm{T}}\boldsymbol{M}_i^{-1}\boldsymbol{c}_i-\boldsymbol{c}_j^{\mathrm{T}}\boldsymbol{M}_j^{-1}\boldsymbol{c}_j\right)=0 \tag{4.34}$$

这也表明在 g 中连接的任意两个节点之间存在分面。因此，由这些分面约束的 Voronoi 单元在 g 中是连贯的，并且在 g 中连接的节点在结果拓扑上也是相邻的。

4. 节点合并

通常节点合并过程可以有效地减少节点数量，并提高算法的效率和准确性。它通过合并局部密度较小的节点，将一些相似但分散的数据点聚合在一起，形成更稠密的聚类。在 LD-SOINN 中，节点合并发生在学习过程，一些节点彼此靠近并且具有相似的主成分。如果满足以下两个条件，两个节点将合并：

(1) 两个节点 i 和 j 由边连接；

(2) 合并节点 m 的体积小于两个节点 i 和 j 的体积之和。体积由每个节点的超椭球体参数计算得到。

值得注意的是，在实际应用中，仅在将模式输入 LD-SOINN 时合并获胜节点及其邻居节点。

图 4.24给出了节点合并步骤的示例。图中，红色边界线的节点代表输入模式到来时的获胜节点；蓝色边界线的节点代表获胜节点的邻居节点。通过合并彼此靠近且具有相似主成分的节点，LD-SOINN 能够获得简洁的局部表示，即松弛数据表示。

5. 降噪

来自学习环境的数据可能包含噪声。一些节点可能是由这些嘈杂的数据创建的。LD-SOINN 记录了学习数据在每个节点的局部分布，因此可以利用这些信息来判断一个节点是否是噪声节点。具体做法如下。

(1) 学习完每个输入模式后，LD-SOINN 都计算属于每个节点的输入模式数量的平均值 Mean，每个节点输入模式数量记为 n_i；

(2) 假设噪声的概率密度低于有用数据，如果 n_i 小于阈值 $k\times\mathrm{Mean}$，我们将节点 i 标记为噪声节点并将其移除，阈值中 $0\leqslant k\leqslant 1$。k 值大表示学习环境中有很多噪声，k 值小表示有少量噪声。

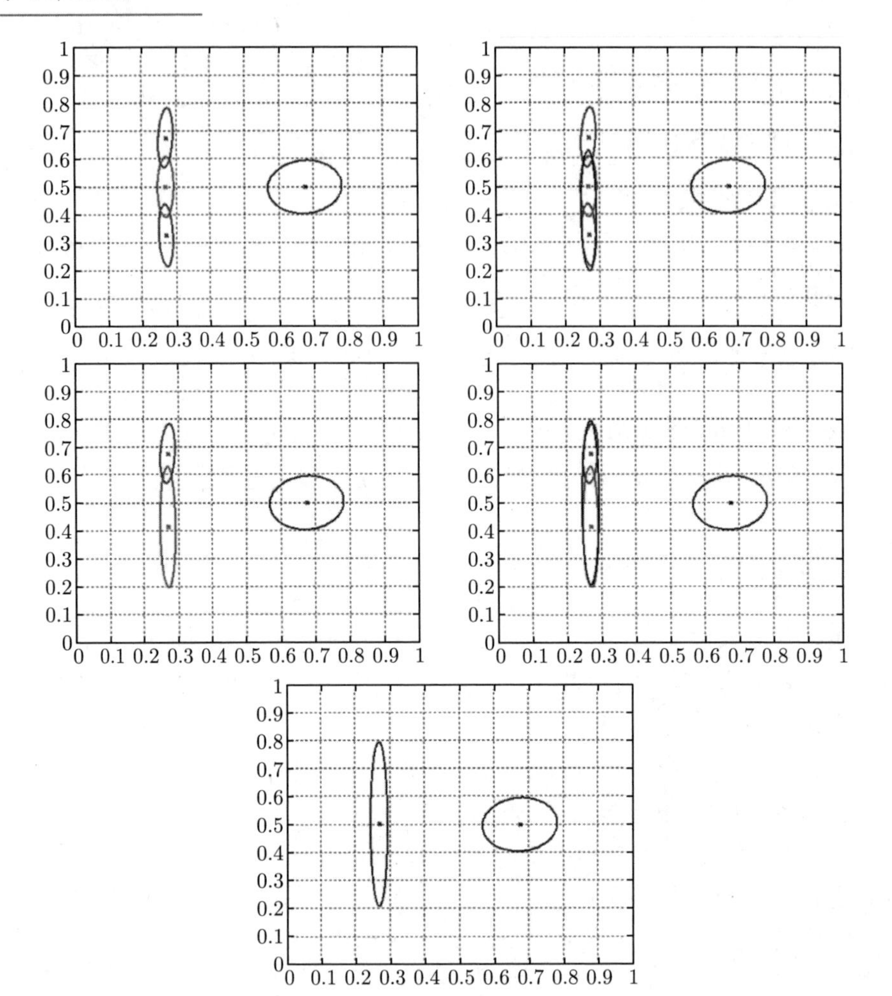

图 4.24　节点合并步骤的示例

6. 聚类

前文提到，所有被相同输入模式激活的节点按照竞争赫布学习规则在网络中连接，在节点数量足够的假设下形成一个完美的拓扑结构获得密集分布。然后将拓扑结构中的每个连通子图作为一个聚类簇。因此，当学习过程完成时，我们可以找到不同的连接节点域作为不同的聚类簇。算法 16（Algorithm 16）显示了聚类节点算法的细节。

Algorithm 16　LD-SOINN 聚类节点算法

将所有节点初始化为未分类。

2. 从节点集 N 中选择一个未分类的节点 i；将 i 标记为已分类，并将其标记为类别 C_i。
3. 搜索节点集 N，查找所有与节点 i 通过“路径”相连的未分类节点；将这些节点标记为已分类，并将它们标记为与节点 i 相同的类别。
4. 返回步骤 2，继续分类过程，直至所有节点都被分类。

结合上述所有步骤，最终构成完整的 LD-SOINN 算法。

4.4.2 LD-SOINN 算法的性能测试

1. 人工数据集

数据集描述：两个带状区域，在 y 轴上对应的范围相同，但在 x 轴上不同。每个带状区域代表一个簇，在两个区域内均匀生成样本。图 4.25给出了整个学习行为的周期性学习结果。图 4.25（a）显示，在早期阶段，LD-SOINN 生成了许多椭圆体以覆盖学习数据集。在继续学习过程的同时，一些椭圆体合并在一起，如图 4.25（b）所示。图 4.25（c）显示，经过 200 轮学习后，所有椭圆体合并为两个椭圆体。最后，LD-SOINN 得到两个椭圆体，即两个簇，与原始数据集契合，如图 4.25（d）所示。与一些聚类方法（PCASOM、k-means 等）不同，LD-SOINN 不需要预先确定节点数量，在此任务中它会自动生成 2 个节点。

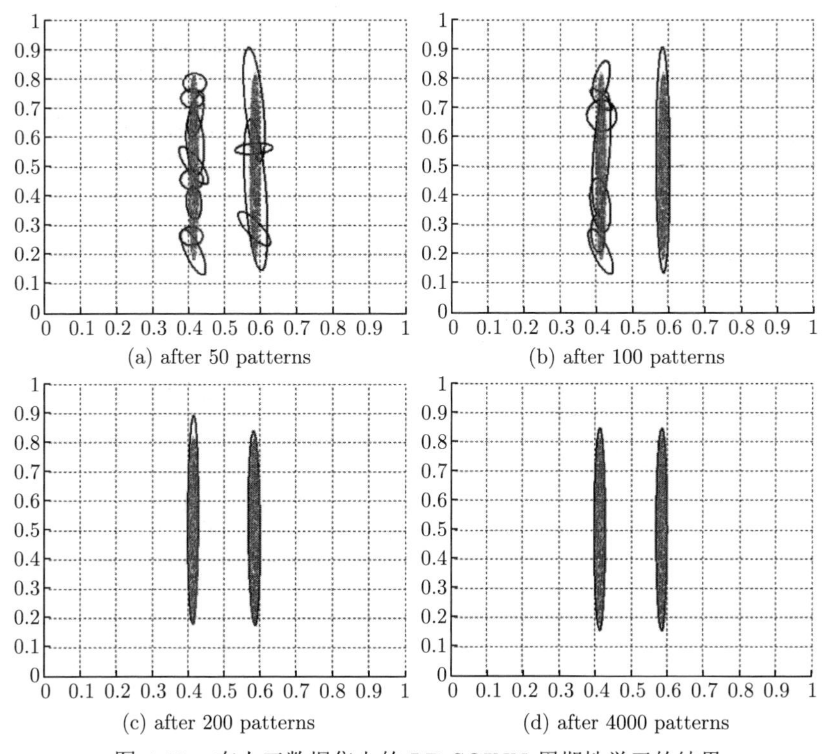

图 4.25　在人工数据集上的 LD-SOINN 周期性学习的结果

下面用更复杂的另一人工数据集评估 LD-SOINN 的性能。螺旋数据集由 20000 个模式组成，图 4.26显示了几种聚类方法的对比。图 4.26（a）显示了 localPCASOM 的学习结果，一些椭圆在螺旋的中心重叠，与原始数据集并不契合。图 4.26（b）显示了 BatchMatrixNG 的学习结果，有一些椭圆穿过螺

旋的空白区域，聚类效果并不理想。图 4.26（c）中，oKDE 自动生成尽可能多（38 个）的节点来拟合学习集，但是有些椭圆的主成分方向是有偏差的。图 4.26（d）是 LD-SOINN 的学习结果，与前三种方法比较，LD-SOINN 的结果更契合原始数据。而且，LD-SOINN 不需要预先确定节点的数量，在这个任务中它会自动生成 29 个节点。

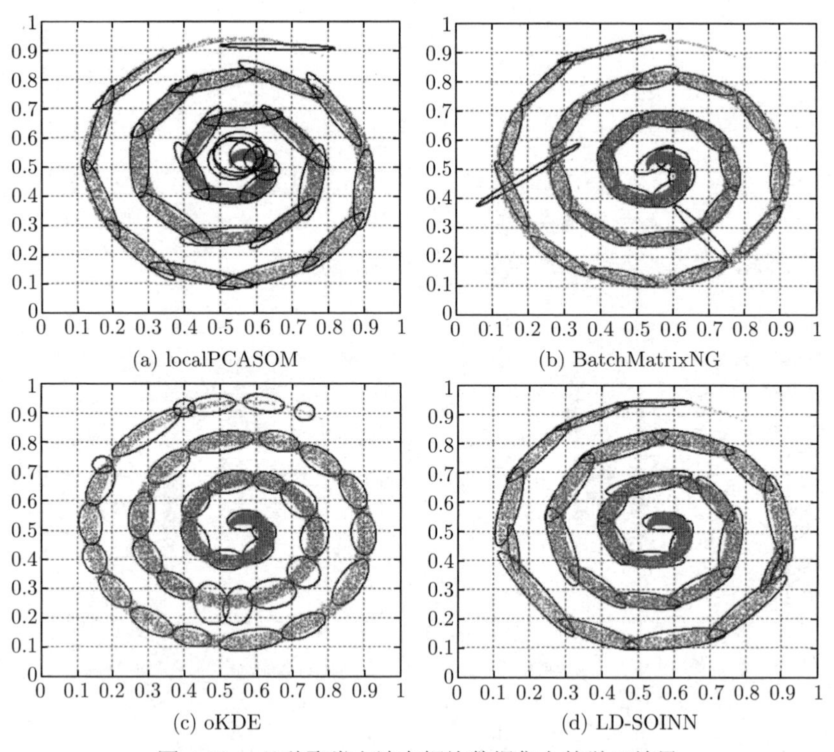

图 4.26　几种聚类方法在螺旋数据集上的学习结果

此外，LD-SOINN 还在经典的人工数据集（如图 4.27所示）上进行了验证。

数据集分为 A、B、C、D 和 E 五个子类。子类 A 和 B 满足二维高斯分布；C 和 D 是同心环分布；E 是正弦分布。注意，本实验中增加了 10% 的噪声。针对该数据集的实验分为两种环境。在平稳环境中，模式是从整个学习集中随机选择的。在非平稳环境中，学习阶段分为 5 个不同的学习环境。在每个环境中激活一个数据集，如在环境 I 中，从步骤 1 到步骤 4000，子类 A 被激活；在环境 Ⅱ 中，从步骤 4001 到步骤 8000，子类 B 被激活。非平稳环境中的实验旨在测试这些方法是否可以处理稳定性–可塑性困境，即学习方法是否能够有效地学习新知识，同时保留先验知识。

图 4.28、图 4.29展示了不同聚类方法的学习结果。在图 4.29(b)~(d) 中，不同的簇以不同的颜色着色。图 4.28展示了 localPCASOM 和 BatchMatrixNG

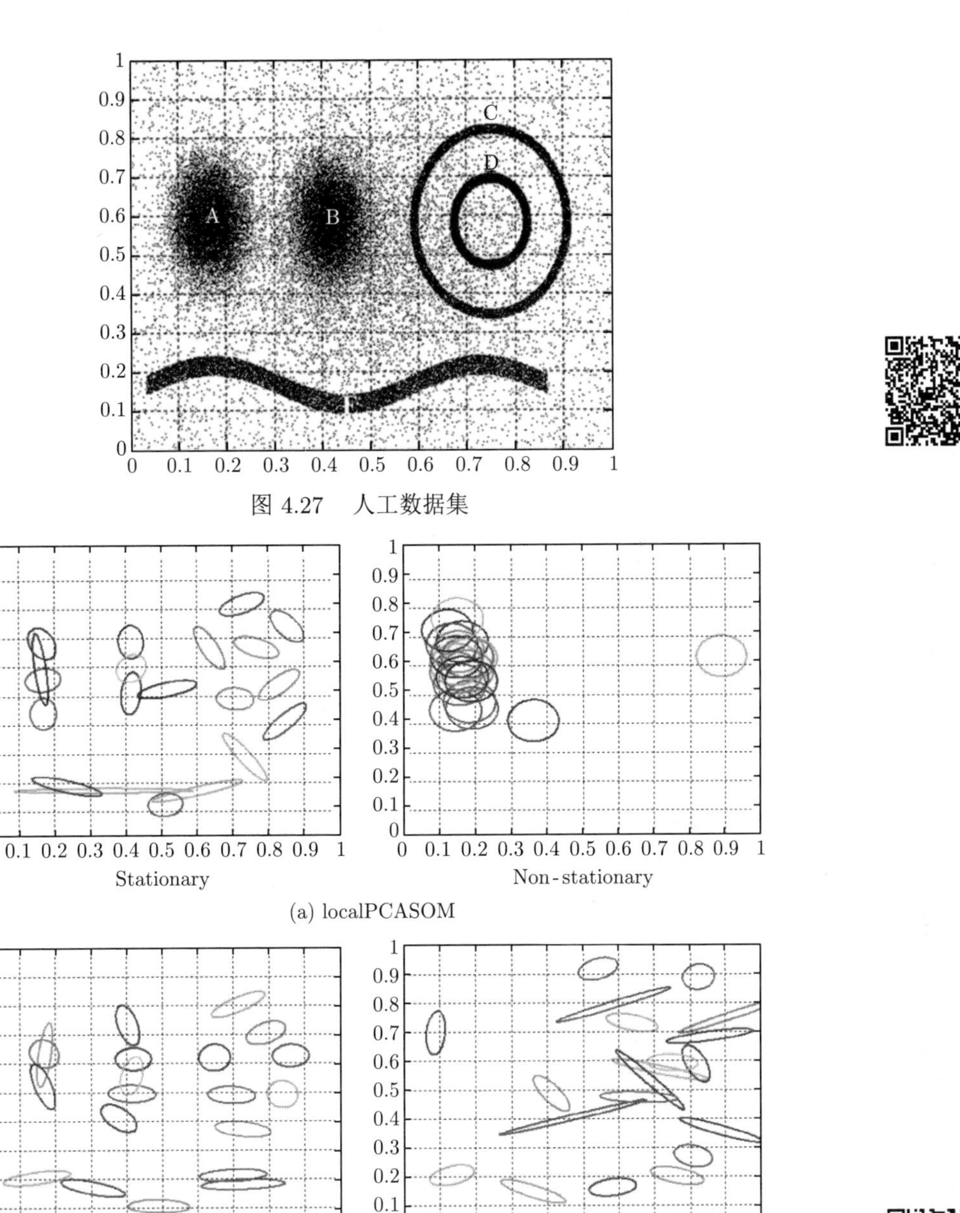

图 4.27　人工数据集

(a) localPCASOM

(b) BatchMatrixNG

图 4.28　localPCASOM 和 BatchMatrixNG 在平稳和非平稳环境中的学习结果

的学习结果，localPCASOM 和 BatchMatrixNG 学习的节点在这两种环境中都不能很好地适应学习数据集。在非平稳环境中，经过环境 I 的学习期后，localPCASOM 根本无法学习到新的类分布数据，表明其可塑性差。而 Batch-

MatrixNG 可以在非平稳环境中学习新的类分布数据；但是，不能保留以前的类（A 子类和 B 子类）分布，即稳定性差。这两种方法都无法解决稳定性–可塑性困境，因此它们不适合这项任务。图 4.29显示了增量学习方法的学习结果。LD-SOINN 与其他三种增量学习方法，即 oKDE、TopoART 和 Adjusted SOINN 进行比较，LD-SOINN 使用最少的节点获得最佳拟合结果。LD-SOINN 可以将一些局部小椭球合并成一个大椭球，从而产生 oKDE 无法比拟的更简洁的数据表示。而且，LD-SOINN 获得了 Adjusted SOINN 和 TopoART 无法获得的关于学习数据的局部分布信息。

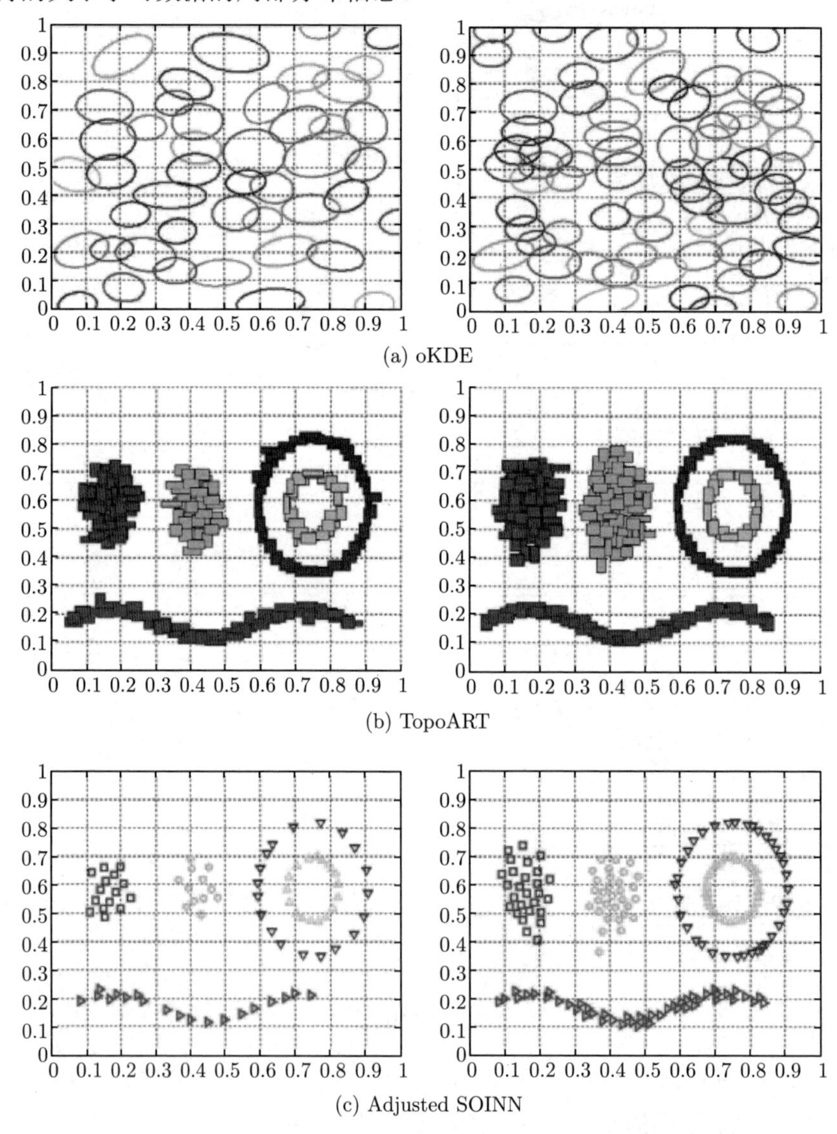

(a) oKDE

(b) TopoART

(c) Adjusted SOINN

图 4.29　在平稳和非平稳环境中的增量学习方法的学习结果

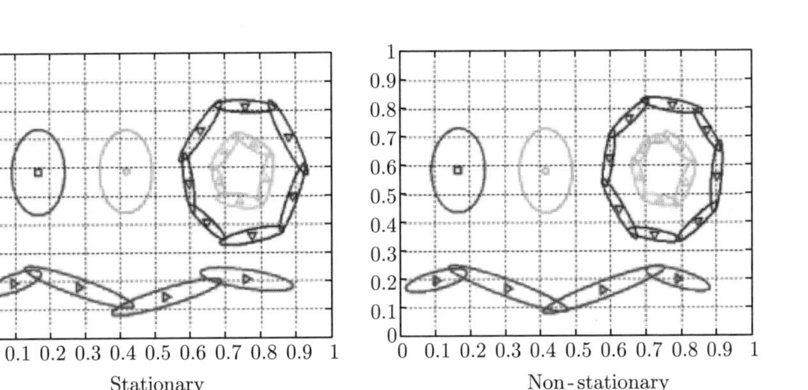

(d) LD-SOINN

图 4.29　在平稳和非平稳环境中的增量学习方法的学习结果（续）

2. 真实世界数据集

LD-SOINN 还在一些真实世界的数据集上进行了实验，包括 Segment、Letter、Shuttle、Webspam 和 KDD99，它们在数据维度、类别数量和实例数方面有所不同。数据集细节记录在表 4.2中。

表 4.2　真实数据集的对比结果

数据集	类别数量	数据维度	# Train	# Test
Segment	7	19	2000	310
Letter	26	16	16000	4000
Shuttle	7	16	43500	14500
Webspam	2	254	300000	50000
KDD99	2	127	4898431	311029

学习结果如表 4.3所示。其中，N/A 表示该方法没有在合理的时间内给出学习结果。在实验中，上限时间设置为 10 天。实验中 LD-SOINN 与三种矩阵学习方法，即 localPCASOM、BatchMatrixNG 和 oKDE 进行比较，实验结果表明 LD-SOINN 获得了更好的测试精度。对于 Segment 数据集，oKDE 虽然得到的节点数少于 LD-SOINN，但其测试精度远低于 LD-SOINN。而且，LD-SOINN 可以很好地处理超大规模数据集 KDD99，而 localPCASOM、BatchMatrixNG 和 oKDE 都不能在 10 天内给出学习结果。通过结果还可以看到，增量矩阵学习方法 oKDE 甚至无法在 10 天内在相对较小的数据集 Webspam 上给出学习结果。因此，LD-SOINN 是一种比 oKDE 更实用的增量矩阵学习方法。将 LD-SOINN 与两种增量方法 TopoART 和 Adjusted-SOINN 进行比较，LD-SOINN 获得了更好的测试精度。LD-SOINN 的学习节点比这两种方法更纯粹。同时，考虑到所有的数据集，LD-SOINN 得到了更稳定的学习结果。

表 4.3 真实世界数据集的学习结果

Dataset	Metric	localPCASOM	Batch-MatrixNG	oKDE	Adjusted SOINN	TopoART	LD-SOINN
Segment	Node number	465*	465*	24	376	242	465
	Entropy	1.95	0.97	-	0.15	0.10	0.029
	Accuracy	31.33%	35.16%	73.55%	85.01%	88.39%	90.32%
Letter	Node number	6562*	6562*	1935	1546	500	6562
	Entropy	3.26	2.93	-	2.46	0.27	0.025
	Accuracy	28.9%	31.3%	84.18%	74.80%	61.50%	89.85%
Shuttle	Node number	9*	9	30	69	43	9
	Entropy	0.67	0.69	-	0.23	0.27	0.17
	Accuracy	79.16%	81.37%	90.66%	90.39%	70.54%	92.96%
Webspam	Node number	745*	745*		3531	4643	745
	Entropy	0.53	0.49	N/A	0.73	0.46	0.21
	Accuracy	65.78%	67.25%		85.45%	83.05%	86.50%
KDD99	Node number				127	149	32
	Entropy	N/A	N/A	N/A	0.030	0.0052	0.0016
	Accuracy				92.15%	92.10%	92.81%

大量的对比实验验证了 LD-SOINN 具有良好的数据表达能力、泛化能力和稳定性。

4.5 DenSOINN 算法

前文已经介绍了多种 SOINN 及衍生模型，但它们在处理增量聚类问题时，仍存在两个问题待解决。

第一个问题，聚类的本质是根据样本之间的相似与不相似划分同类和异类，而作为样本之间不相似性的度量，距离度量在聚类过程中起着重要的作用。从上文可以看到，SOINN 及衍生模型多采用欧氏距离作为距离度量，而 LD-SOINN 则采用马氏距离。在真实世界的数据集里，不同属性的范围变化很大，例如，人的年收入的取值范围远大于年龄的取值范围。欧氏距离在这种情况下并不适用，因为具有相对较宽范围值的属性会对距离值产生较高的影响。为了确保每个特征在距离度量中贡献相等，学习系统通常使用数据归一化（data normalization）对数据集进行预处理技术，以此来统一属性的取值范围 [45] 。然而，数据归一化算法很难在增量学习的约束条件下实现，因为它们需要计算整个数据集的统计特征，但这在数据访问受限的增量学习时是不可行的。

第二个问题，SOINN 聚类的原理是基于密度连通区域划分类簇。这种聚类方式将一个簇定义为一组形成连通的高密度区域的输入模式，该区域与其他簇之间由低密度区域分隔开来。这类方法的代表是 DBSCAN [46]。从 SOINN 的学习方式可以看出，网络中的连通子图即对应了密度连通区域。高密度区域的输入样本能够反复激活网络中的节点和连接，而低密度区域的节点和连接则难以被激活，因而在去噪过程中被删除。基于密度的聚类并不以最小化类内距离作为优化目标，因此不能据此定义损失函数。与基于中心的聚类算法相比，基于密度的簇内样本之间的最大距离更远。密度聚类方法在某些特定应用中表现良好，因为它们具有以下优点：

（1）不需要假设簇的数量；

（2）能够生成任意形状的簇；

（3）可以识别输入模式中的异常值，因此，密度聚类方法通常对噪声具有鲁棒性。

但基于密度的方法需要解决两个问题，即如何估计密度分布和如何定义密度连通性。在许多基于密度的算法中，如 DBSCAN [46] 中，样本 x 的密度是通过计算距离样本 x 半径 ϵ 内的样本数量来计算的。SOINN 实现了朴素的密度估计功能，即统计神经元的获胜次数，获胜越多则代表密度越大。此后的 E-SOINN 和 LD-SOINN 用不同的方式改进了密度估计功能。

基于密度连通性的聚类算法可以被理解为在概率密度函数中定义一个阈值，并且将概率密度高于阈值的连通区域视为簇。但是，这种方法面临一个难题，如图 4.30所示。如果密度阈值设置得太低，则算法无法分离重叠的簇；如果密度阈值设置得太高，则会将太多的样本视为噪声。在局部密度差异较大的数据集中，特别难以选择适当的密度水平。此外，密度水平的选择对参数敏感，但有时很难设置参数。以 DBSCAN 为例，邻域的最大半径 ϵ 和使一个样本成为核心点的最小邻居数（minPts）共同决定了这一阈值，但这两个参数在高维数据集中很难设置。SOINN 的去噪功能决定了删除节点与连接的频率和强度，因此设置去噪相关的参数就起到了设置密度阈值的作用，但也使参数设置对聚类结果有较大影响且调试困难。因此，E-SOINN 与 LB-SOINN 采取了基于节点密度的连接删除机制以加强分离重叠聚类的能力，但并未从根本上解决密度连通方法的缺陷。

为了解决上述两个问题，本节将介绍一种基于密度的 SOINN 算法——DenSOINN，其特点如下。

（1）采用自适应的距离度量来逼近数据归一化的效果，使算法既能够适用于归一化的数据，也能够适用于原始数据；

（2）提出了一种新的基于密度的方法来从 SOINN 模型中提取聚类。

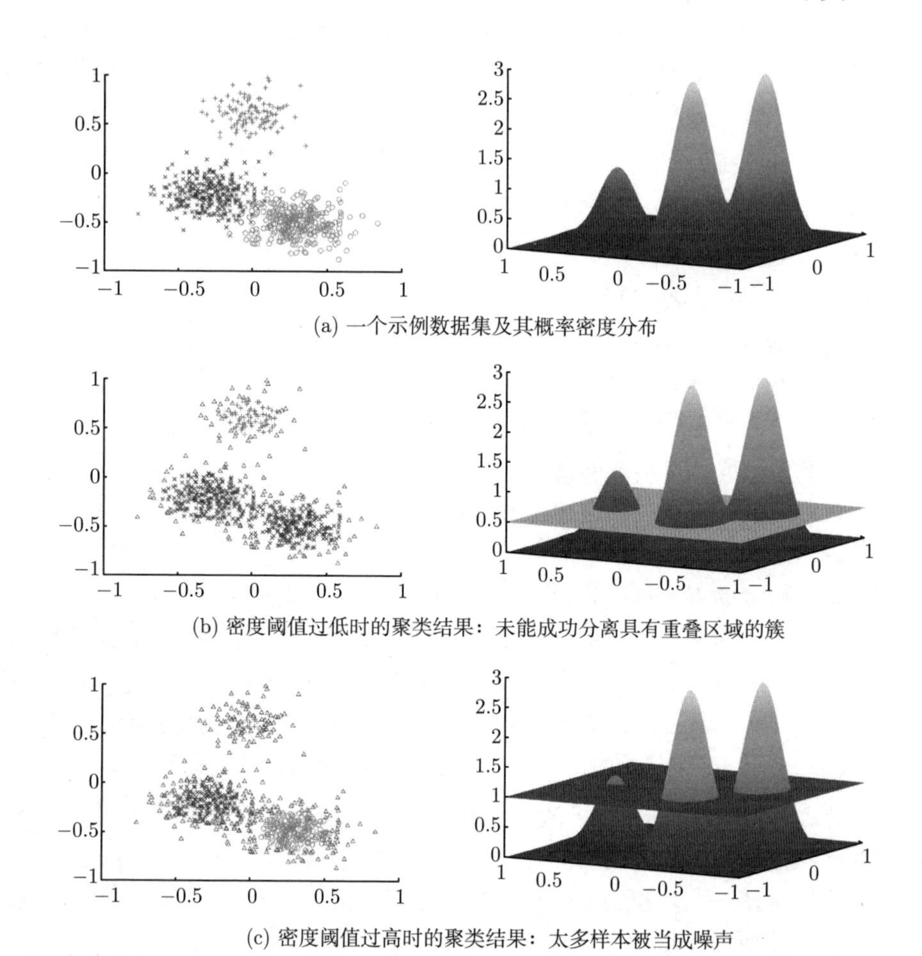

(a) 一个示例数据集及其概率密度分布

(b) 密度阈值过低时的聚类结果：未能成功分离具有重叠区域的簇

(c) 密度阈值过高时的聚类结果：太多样本被当成噪声

图 4.30　一个示例数据集及其概率密度分布的聚类结果

左图显示了二维空间中的数据点和聚类结果，右图显示了概率密度分布和每次聚类时使用的密度阈值。数据集由从三个高斯分布中采样的样本组成。各类中的样本以不同形状和颜色的标记显示。被聚类算法标记为噪声的样本显示为黑色三角形。

4.5.1　DenSOINN 算法描述

DenSOINN 的网络结构是以在线学习的方式构造的，学习方法与单层的 SOINN 模型类似，区别在于 DenSOINN 采用自适应距离度量，在每轮学习开始时调整距离度量。当收到聚类请求时，则通过一个离线聚类步骤获取聚类结果。图 4.31 显示了 DenSOINN 的学习流程图。本节重点介绍自适应距离度量与离线聚类方法，但不再赘述在线学习机制。

上文讨论过，由于训练数据的访问受限，数据归一化在增量学习中难以实现。为了解决这个问题，DenSOINN 引入了一种自适应的距离度量方法，其基

础是参数可变的马氏距离 (Mahalanobis Distance)，计算公式为

$$d_{\boldsymbol{A}}(\boldsymbol{x},\boldsymbol{y})=\sqrt{(\boldsymbol{x}-\boldsymbol{y})^{\mathrm{T}}\boldsymbol{A}(\boldsymbol{x}-\boldsymbol{y})} \tag{4.35}$$

其中 $\boldsymbol{A}$ 是一个半正定参数矩阵。距离度量是“自适应”的，因为 $\boldsymbol{A}$ 根据输入数据的统计特征在增量学习过程中动态更新。马氏距离可以看成原始输入空间中任意线性缩放和旋转的欧氏距离。DenSOINN 在原始数据上使用这种距离度量来近似归一化数据上的欧氏距离。具体来说，参数矩阵 $\boldsymbol{A}$ 适应特征的不同值范围，使特征对最终距离的贡献大致成比例。一般情况下，$\boldsymbol{A}$ 中的元素是根据 Min-Max 归一化方法计算得到的。假设第 i 维特征的范围为 $[\min_i,\max_i]$，Min-Max 归一化的目标范围为 $[0,1]$，则对于样本 $\boldsymbol{x}$，Min-Max 归一化的公式为

$$x_i^{'}=\frac{x_i-\min_i}{\max_i-\min_i} \tag{4.36}$$

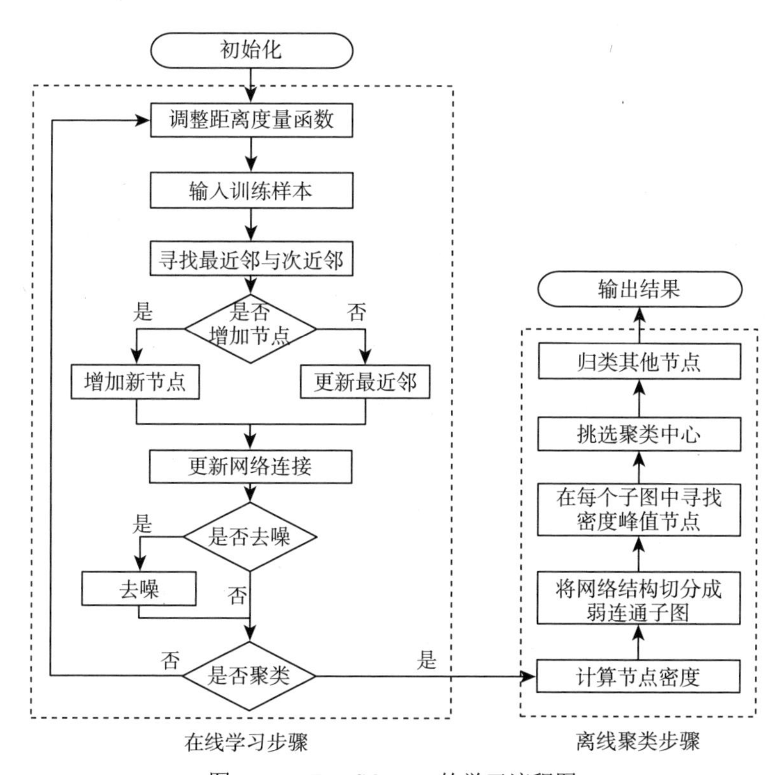

图 4.31　DenSOINN 的学习流程图

将样本 $\boldsymbol{x}$ 和 $\boldsymbol{y}$ 经过归一化后得到的样本记为 $\boldsymbol{x}'$ 和 $\boldsymbol{y}'$，若 $A_{ii}=\dfrac{1}{(\max_i-\min_i)^2}$，则 $d_{\boldsymbol{A}}(\boldsymbol{x},\boldsymbol{y})=d_{\mathrm{euc}}(\boldsymbol{x}',\boldsymbol{y}')$。

在增量式聚类中，特征空间中各维度的最大值和最小值无法直接计算，但只需要在在线学习步骤中记录输入数据在各维度上的最大值和最小值，当新输入的样本打破最大值或最小值记录时相应地调整 $\boldsymbol{A}$ 即可解决这个问题。

然而，Min-Max 归一化的一个主要问题是训练数据的最大值和最小值很容易受到异常值的影响，因此 DenSOINN 使用其网络节点特征向量的最大值和最小值代替。给定网络节点 j，其特征向量的值代表 j 在 n 维特征空间中的坐标，记为 $\boldsymbol{w}_j=(w_{j,1},w_{j,2},\cdots,w_{j,n})^{\mathrm{T}}$。因为节点的特征向量是节点所代表的微簇中所有样本的均值，而且 DenSOINN 网络具备去除噪声节点的功能，所以节点特征向量中元素的最值相对不容易受到噪声影响。由于节点位置在每轮学习中都会改变，$\boldsymbol{A}$ 需要相应地进行更新。本节的后文将省略参数矩阵 $\boldsymbol{A}$ 并使用 $d(\boldsymbol{x},\boldsymbol{y})$ 表示由此度量计算出的 $\boldsymbol{x}$ 和 $\boldsymbol{y}$ 之间的距离。

DenSOINN 的另一个创新点是综合了密度峰值与密度连通的离线聚类机制。当全部训练数据都已学习完毕，或者用户发送了聚类请求时，DenSOINN 对网络中的节点进行聚类并输出聚类结果。节点 i 的密度记为 p_i，定义为其 Voronoi 区域 R_i 的平均概率密度。将 R_i 的体积表示为 $\mathrm{vol}(R_i)$，则数据点 $\boldsymbol{x}$ 位于 R_i 中的概率为 $P(\boldsymbol{x}\in R_i)=p_i\mathrm{vol}(R_i)$，并且可以通过 $P(\boldsymbol{x}\in R_i)\approx\dfrac{m_i}{\sum\limits_{j\in V}m_j}$ 来估计。因此可以得到

$$p_i\approx\frac{m_i}{\mathrm{vol}(R_i)\sum\limits_{j}m_j}\tag{4.37}$$

在高维特征空间中计算 Voronoi 区域的体积很困难。一种简单的估计方式是 $\mathrm{vol}(R_i)\propto d_i^n$，其中，$n$ 是特种空间的维数，d_i 是节点 i 到其邻居节点的平均距离：

$$d_i=\frac{1}{|N_i|}\sum_{j\in N_i}d(\boldsymbol{w}_i,\boldsymbol{w}_j)\tag{4.38}$$

其中 N_i 是 i 的邻居节点的集合。然而，在真实的数据集中，这种估计并不奏效，因为通常分布在高维空间中的数据可以被嵌入低维的流形空间上。将低维空间的维数记为 n'，因此 $\mathrm{vol}(R_i)\propto d_i^{n'}$。学习系统无法事先得知 n' 的值，但实验中发现将 n' 设置为 2 时通常可以获得较好的结果。结合上述公式，可以将 p_i 估计为

$$p_i\propto\frac{m_i}{1+d_i^2}\tag{4.39}$$

上式在分母中添加了一个正则项以防止邻域半径过小时节点密度过高。

DenSOINN 中节点的离线聚类可以被认为是“密度连通”和“密度峰值”方法的组合。聚类过程分为三步：首先将网络划分为连通子图，然后在每个子图上找到密度峰值并将其指定为簇中心，最后将剩余节点划分到类簇中。图 4.32是聚类过程的一个简单示例。图中，网络图被分割成连通子图，每个子图上的密度峰值节点被选为聚类中心。剩余的节点按密度从高到低的顺序，依次被标记为距离它最近的密度更高的节点的同类。

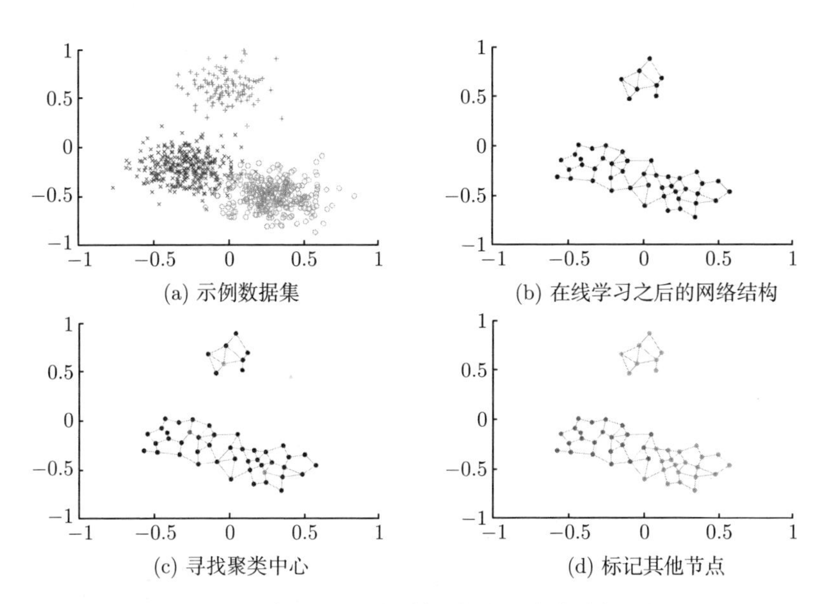

图 4.32　在图 4.30所示数据集上的聚类过程示例

以连通分量 $\mathrm{SG} =< \mathrm{SV}, \mathrm{SE} >$ 为例，对于每个节点 $i \in \mathrm{SV}$，找到密度高于 i 的最近节点 q_i，将该节点表示为 q_i：

$$q_i = \arg \min_{j \in \mathrm{SV} \text{ and } p_i < p_j} d(\boldsymbol{w_i}, \boldsymbol{w_j}) \tag{4.40}$$

然后给节点 i 分配一个“峰值分数”，表示为 h_i：

$$h_i = p_i d(\boldsymbol{w_i}, \boldsymbol{w_{q_i}}) \tag{4.41}$$

如果节点 i 满足以下条件，则选择节点 i 作为聚类中心：

$$h_i \geqslant \alpha h_{\text{mean}} \tag{4.42}$$

其中 α 是预定义的超参数，h_{mean} 是 SV 中节点的平均峰值分数。如果节点 i 的密度在 SV 中最高，则无法找到 q_i，因此无法计算 h_i。在这种情况下设

定 $h_i=\infty$，意味着节点 i 总是被选择为聚类中心，并且在计算 h_{mean} 时不考虑 h_i。

如果节点 i 没有被选择为聚类中心，则将其与 q_i 分到同一聚类中。为了确保在标记 i 时已经将 q_i 分到一个聚类中，在此步骤前先按节点密度的降序对 SV 进行排序，因此始终可以在标记 i 之前标记 q_i。

4.5.2 DenSOINN 算法的性能测试

1. 人工数据集

数据集描述：第一个人工数据集是一个二维数据集，是从密度不同的两个高斯分布中随机抽样创建的，其名记为 Artificial I。Artificial I 数据集由从两个高斯分布中均匀采样的 10000 个样本组成。为了模拟未经归一化的数据集，数据点的横坐标与纵坐标的取值范围不同。第二个数据集是一个三维 Swiss Roll 数据集，其构造方法是，先创建一个由 4 个二维高斯分布的混合组成的二维数据集，再对数据点使用 Swiss Roll 映射 $(x,y)\longrightarrow(x\cos x,y,x\sin x)$，将其转换成三维空间中的点。上述人工数据集如图 4.33所示。

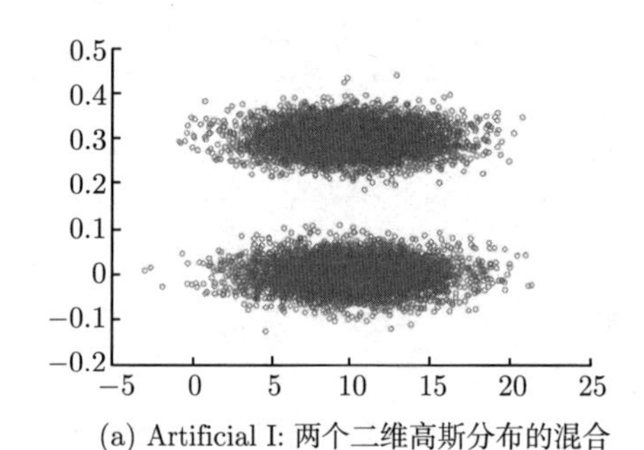

(a) Artificial I: 两个二维高斯分布的混合

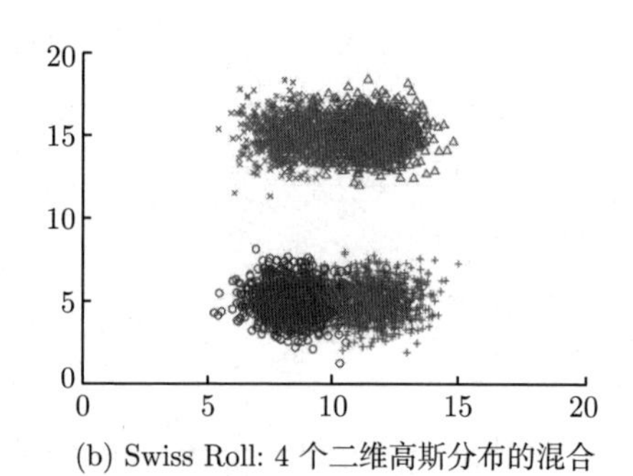

(b) Swiss Roll: 4 个二维高斯分布的混合

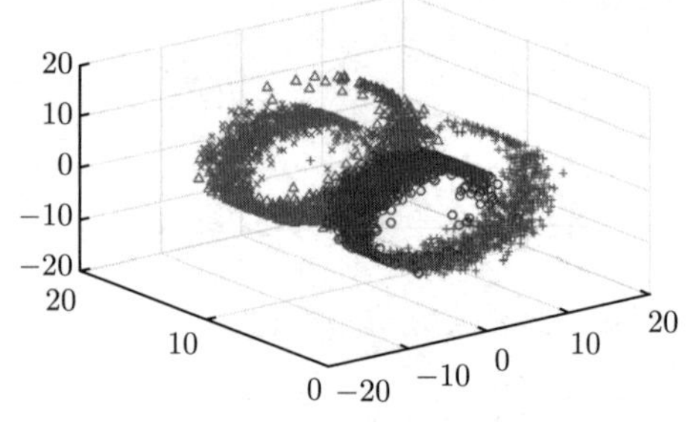

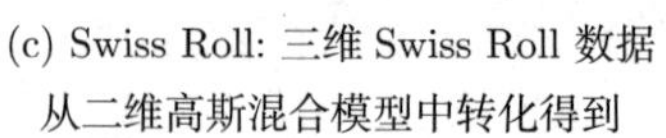

(c) Swiss Roll: 三维 Swiss Roll 数据从二维高斯混合模型中转化得到

图 4.33 人工数据集

Artificial I 数据集由 10000 个从两个高斯分布中均匀采样得到的样本组成。Swiss Roll 数据集是一个三维数据集，通过对从有 4 个分量的高斯混合模型中采样出的样本进行 Swiss Roll 映射得到。

第一个实验在 Artificial I 数据集上进行，旨在验证自适应距离度量的效果。DenSOINN 与 G-Stream [47] 分别在原始数据和经过 Min-Max 归一化处理后的数据上进行实验并比较实验结果，如图 4.34所示。可以看到，DenSOINN 在两种环境下都表现良好，结果几乎相同。而 G-Stream 在未经归一化的原始数据上没能取得理想结果。这表明 DenSOINN 中的自适应距离度量能够在未经归一化的原始数据上胜任距离计算任务，其效果近似于在归一化数据上计算的欧氏距离。

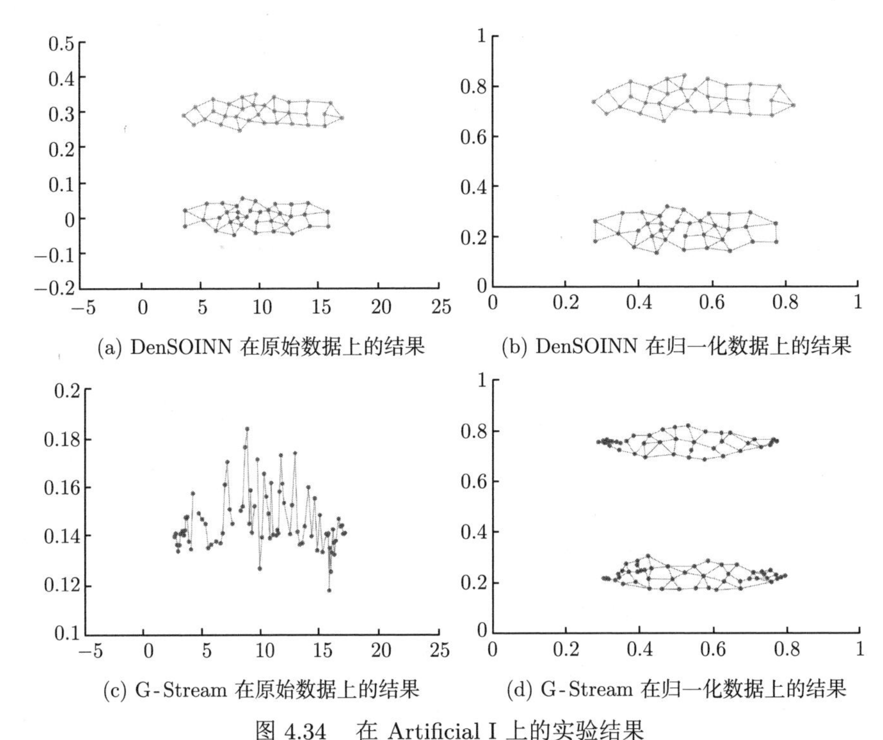

(a) DenSOINN 在原始数据上的结果　(b) DenSOINN 在归一化数据上的结果

(c) G-Stream 在原始数据上的结果　(d) G-Stream 在归一化数据上的结果

图 4.34　在 Artificial I 上的实验结果

DenSOINN 与 G-Stream 在原始数据和通过 Min-Max 归一化进行处理的数据上进行对比。神经网络的节点和连接分别由彩色点和它们之间的线条表示。G-Stream 中的每个节点都代表一个聚类，DenSOINN 的同颜色节点属于同一聚类。

第二个实验在 Swiss Roll 数据集上进行，重点测试 DenSOINN 分离重叠聚类的能力。数据中添加了一定比例的噪声以测试 DenSOINN 的鲁棒性。图 4.35展示了这个实验的结果。可以看出，虽然 Swiss Roll 数据集存在明显的重叠区域，但 DenSOINN 依旧可以良好地识别出类簇。随着噪声量的增加，DenSOINN 网络包含更多的噪声节点和连接，甚至整个网络构成连通图。但此时聚类仍然很好地被分离开，并且聚类质量没有受到影响。原因是 DenSOINN 的聚类结果主要取决于聚类中心的选择，而聚类重叠区域和噪声都没有影响密

度峰值的计算。尽管网络在噪声等级高的时候包含表示噪声数据的节点和连接，但因为噪声节点的密度很低，所以其既没有被选为聚类中心也没有对其他节点的类别归属产生影响，聚类质量没有受到损失。

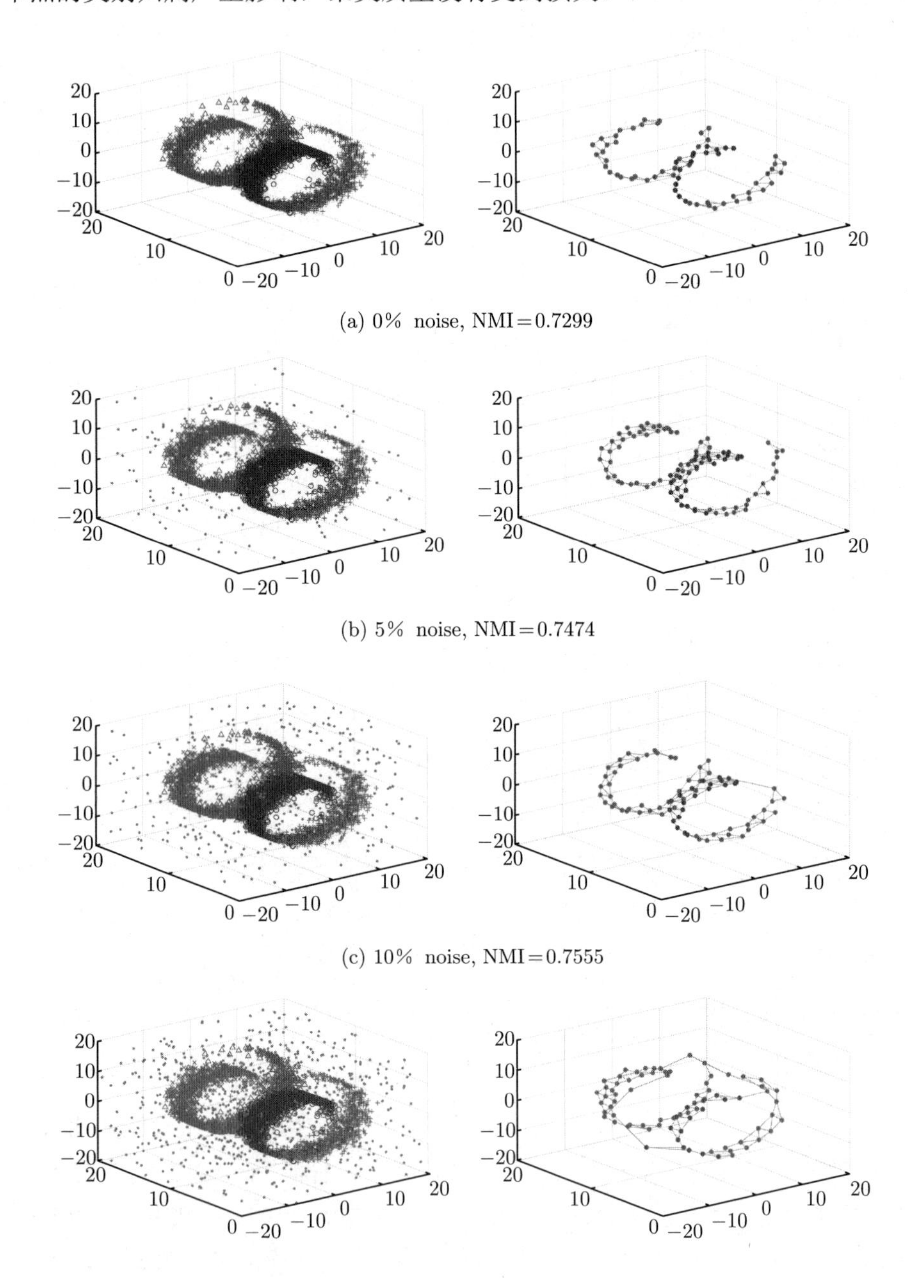

(a) 0% noise, NMI = 0.7299

(b) 5% noise, NMI = 0.7474

(c) 10% noise, NMI = 0.7555

(d) 20% noise, NMI = 0.7657

图 4.35 在添加了噪声的 Swiss Roll 数据集上的实验结果

左图展示了不同噪声等级的训练数据，右图展示了 DenSOINN 的学习结果。

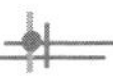

2. 真实数据集

DenSOINN 在真实世界的数据集上的实验结果记录在表 4.4中。其中报告了聚类质量的平均值和标准差，以及聚类数和运行时间（单位：秒）。这组实验采用了 5 种不同的聚类评价指标来衡量聚类结果，包括准确率、Adjusted Rand Index (ARI)、Normalized Mutual Information (NMI) 三种外部度量标准和 Silhouette Index (SI)、Root Mean Square Error (RMSE) 两种内部度量标准。

外部度量标准使用数据集的真实标签与类簇标签进行对比，评价算法还原真实类别的能力。DenSOINN 在大多数实验中实现了最高的平均 NMI 和 ARI。它的准确率低于 G-Stream 和 StrAP，但部分原因是 DenSOINN 生成的聚类要少得多。准确率和聚类数量通常成反比，当聚类数量超过实际类别的数量时，增加聚类数可以提高准确性。例如，在每个聚类仅包含一个样本的极端情况下，准确性将为 1。总体而言，DenSOINN 学习的类簇与标记数据集中的真实类别最相似。值得注意的是，在 KDD99 和 Segment 上，DenSOINN 的表现明显优于其他算法。原因是在这些数据集上有一部分特征的取值范围远远超过其他特征，而 DenSOINN 中的距离度量可以应对这个问题。

在内部度量标准方面，在所有实验中，DenSOINN 的轮廓系数都不如基于 k-means 的算法好；但在大多数实验中，DenSOINN 的 RMSE 最小。这种现象说明 DenSOINN 的节点可以形成输入数据的良好代表集，因此样本与其代表节点之间的 RMSE 更小。但是与 k-means 算法学习到的聚类相比，聚类在特征空间中的形状不太紧密。这是因为 DenSOINN 使用基于密度的聚类方法来形成聚类。数据集中的真实分类不一定在特征空间上是致密的，而可能具有任意形状。轮廓系数及大多数内部度量标准强调类内相似性和类间差异，因此这些标准自然倾向于学习紧密簇的聚类算法。基于密度的聚类算法则与此相反，强调簇内密度连接和簇间密度分离。类簇可以为任意形状，因此使用这些方法进行聚类得到的轮廓系数相对较差。

以上实验综合验证了 DenSOINN 在聚类问题上的良好效果，特别是自适应距离度量和节点聚类方法的效果。

表 4.4　真实数据集上的实验结果

Dataset	Metric	DenSOINN	G-Stream	StrAP	online *k*-means	StreamKM++
Segment	聚类数	6.6 ± 1.1	23 ± 2.2	42.8 ± 3.8	7^*	7^*
	准确率	0.6150 ± 0.0648	0.6442 ± 0.0300	$\mathbf{0.7801 \pm 0.0051}$	0.5815 ± 0.0327	0.5441 ± 0.0350
	ARI	$\mathbf{0.4214 \pm 0.0724}$	0.2802 ± 0.0378	0.1906 ± 0.0066	0.3652 ± 0.0398	0.3602 ± 0.0549
	NMI	$\mathbf{0.6176 \pm 0.0330}$	0.4713 ± 0.0291	0.5301 ± 0.0056	0.5207 ± 0.0379	0.5292 ± 0.0456
	SI	0.0415 ± 0.0366	0.1990 ± 0.0435	0.4402 ± 0.0088	0.4102 ± 0.0310	$\mathbf{0.4698 \pm 0.0086}$
	RMSE	60.19 ± 10.95	91.24 ± 2.25	$\mathbf{39.8 \pm 6.06}$	90.45 ± 1.70	77.8 ± 0.4834
	Time	0.3358 ± 0.0187	0.0546 ± 0.0077	3.4540 ± 0.6214	0.0201 ± 0.0022	0.0893 ± 0.0055
Pendigits	聚类数	9.1 ± 0.9944	72.6 ± 4.326	40 ± 0	10^*	10^*
	准确率	0.6974 ± 0.0596	0.8896 ± 0.0095	$\mathbf{0.8908 \pm 0.0010}$	0.6852 ± 0.0282	0.7188 ± 0.0307
	ARI	$\mathbf{0.5642 \pm 0.0568}$	0.2801 ± 0.0124	0.3702 ± 0.0129	0.5121 ± 0.0329	0.5437 ± 0.0312
	NMI	$\mathbf{0.7387 \pm 0.0347}$	0.6413 ± 0.0073	0.6760 ± 0.0073	0.6516 ± 0.0146	0.6800 ± 0.0126
	SI	0.3916 ± 0.0390	0.2001 ± 0.0256	0.3377 ± 0.0045	0.4279 ± 0.0174	$\mathbf{0.4667 \pm 0.0198}$
	RMSE	$\mathbf{35.32 \pm 0.70}$	50.65 ± 0.64	51.65 ± 0.74	69.6 ± 1.90	67.5 ± 0.44
	Time	2.1440 ± 0.0769	0.6545 ± 0.0204	2.8410 ± 0.1311	0.0861 ± 0.0075	0.5515 ± 0.0028
Usps	聚类数	5.7 ± 0.94	77.5 ± 4.478	69.3 ± 2.263	10^*	10^*
	准确率	0.5378 ± 0.0570	0.8464 ± 0.0090	$\mathbf{0.8531 \pm 0.0013}$	0.6633 ± 0.0309	0.6975 ± 0.0275
	ARI	0.4623 ± 0.0981	0.2941 ± 0.0435	0.2687 ± 0.0022	0.4796 ± 0.0362	$\mathbf{0.5046 \pm 0.0239}$
	NMI	$\mathbf{0.6283 \pm 0.05019}$	0.5724 ± 0.0096	0.5712 ± 0.0020	0.5764 ± 0.0211	0.5943 ± 0.0162
	SI	0.1121 ± 0.0686	0.1080 ± 0.0212	0.1614 ± 0.0133	0.2318 ± 0.0170	$\mathbf{0.2413 \pm 0.0106}$
	RMSE	$\mathbf{4.53 \pm 0.04}$	5.38 ± 0.02	5.62 ± 0.02	6.14 ± 0.02	6.09 ± 0.01
	Time	6.261 ± 0.290	0.683 ± 0.028	4.759 ± 0.443	0.2267 ± 0.0039	8.899 ± 0.596
HAR	聚类数	4.8 ± 0.9189	79.7 ± 4.322	40.7 ± 2.45	6^*	6^*
	准确率	0.6038 ± 0.0767	$\mathbf{0.8331 \pm 0.0096}$	0.7873 ± 0.0158	0.5849 ± 0.0599	0.6064 ± 0.0128
	ARI	$\mathbf{0.4798 \pm 0.0873}$	0.1169 ± 0.0063	0.2075 ± 0.0110	0.4283 ± 0.0703	0.4505 ± 0.0254
	NMI	$\mathbf{0.6252 \pm 0.0599}$	0.4743 ± 0.0054	0.4955 ± 0.0091	0.5781 ± 0.0530	0.5996 ± 0.0059
	SI	0.2082 ± 0.0935	0.0321 ± 0.0074	0.0429 ± 0.0069	$\mathbf{0.2712 \pm 0.0800}$	0.2414 ± 0.0237
	RMSE	$\mathbf{3.63 \pm 0.06}$	3.71 ± 0.01	4.63 ± 0.02	4.30 ± 0.09	4.22 ± 0.01

续表

Dataset	Metric	DenSOINN	G-Stream	StrAP	online *k*-means	StreamKM++
HAR	Time	9.573 ± 1.565	1.071 ± 0.045	17.26 ± 0.657	0.408 ± 0.006	19.326 ± 0.714
Yale Face B	聚类数	8 ± 1.63	49.1 ± 3.14	82.4 ± 3.13	10^*	10^*
	准确率	0.6328 ± 0.1091	0.9128 ± 0.0234	$\mathbf{0.9412 \pm 0.0026}$	0.6431 ± 0.0659	0.7672 ± 0.0542
	ARI	0.5907 ± 0.1428	0.4331 ± 0.0273	0.2504 ± 0.0177	0.4821 ± 0.0901	$\mathbf{0.6272 \pm 0.0732}$
	NMI	0.7746 ± 0.0671	0.7317 ± 0.0151	0.6770 ± 0.0045	0.6979 ± 0.0459	$\mathbf{0.7931 \pm 0.0383}$
	SI	0.1660 ± 0.0696	0.1265 ± 0.0242	0.2189 ± 0.0103	0.2282 ± 0.0379	$\mathbf{0.2656 \pm 0.0084}$
	RMSE	$\mathbf{781.9 \pm 20.65}$	1077 ± 14.41	1009 ± 6.92	1243 ± 34.2	1204 ± 3.39
	Time	30.022 ± 3.553	1.562 ± 0.042	9.365 ± 3.317	0.854 ± 0.018	26.052 ± 1.538
MNIST	聚类数	11.4 ± 1.83	91.4 ± 6.45	94 ± 6.55	10^*	10^*
	准确率	0.6156 ± 0.0742	$\mathbf{0.7907 \pm 0.0070}$	0.7684 ± 0.0266	0.5490 ± 0.0329	0.5992 ± 0.0081
	ARI	$\mathbf{0.3996 \pm 0.0891}$	0.1554 ± 0.0099	0.1428 ± 0.0033	0.3419 ± 0.0296	0.3853 ± 0.0060
	NMI	$\mathbf{0.5763 \pm 0.0428}$	0.5004 ± 0.0038	0.4601 ± 0.0107	0.4665 ± 0.0234	0.4998 ± 0.0114
	RMSE	$\mathbf{1337 \pm 9.5}$	1436 ± 4.16	1695 ± 4.83	1607 ± 7.50	1608 ± 1.62
	Time	191.9 ± 22.06	14.14 ± 0.24	2215 ± 808.3	5.49 ± 0.076	146.622 ± 1.570
KDD99	聚类数	4.6 ± 1.14	36.6 ± 6.18	33 ± 3.46	23^*	23^*
	准确率	0.9641 ± 0.0189	$\mathbf{0.9747 \pm 0.0186}$	0.9603 ± 0.0017	0.9538 ± 0.0264	0.7361 ± 0.1126
	ARI	$\mathbf{0.8685 \pm 0.1065}$	0.6503 ± 0.0052	0.6955 ± 0.0022	0.5280 ± 0.0446	0.4967 ± 0.3807
	NMI	$\mathbf{0.8075 \pm 0.0707}$	0.6572 ± 0.0036	0.6798 ± 0.0041	0.6144 ± 0.0075	0.4760 ± 0.2991
	RMSE	$9.888 \times 10^5 \pm 11.49$	$9.879 \times 10^5 \pm 625.5$	$9.887 \times 10^5 \pm 10.35$	$9.731 \times 10^5 \pm 5109$	$\mathbf{1880 \pm 47.43}$
	Time	153.3 ± 10.97	68.77 ± 4.156	7670 ± 258	16.17 ± 0.097	72.307 ± 0.730

4.6 本章小结

本章介绍了关于自组织增量学习神经网络（SOINN）的改进算法方面的研究。改进算法包括 Enhanced SOINN，Load-Balance SOINN，Local Distribution SOINN 与 Density-based SOINN。这些算法从不同角度切入优化 SOINN 算法，使其能更有效地用于高维无监督学习和聚类。

Enhanced SOINN 用于在高维空间中处理大规模数据集。它主要在以下方面进行了改进：（1）引入动态更新规则：Enhanced SOINN 使用一个基于统计的更新规则，以适应动态的数据流和数据分布变化；（2）引入扩展机制：Enhanced SOINN 引入了扩展机制，允许在需要时增加新的神经元节点以适应数据的快速变化；（3）引入降维方法：Enhanced SOINN 使用一种基于主成分分析的降维方法来减少计算复杂度和存储开销。Enhanced SOINN 算法将数据点映射到一个低维的神经元空间中，可以有效地聚类和可视化高维数据集。同时，它具有较好的适应性和灵活性，在面对大规模数据流时具有较好的鲁棒性和性能表现。

Load-Balance SOINN 算法旨在提高原始 SOINN 算法的可伸缩性和效率。LB-SOINN 的基本思想是在分布式系统中平衡处理器的工作负载。在 LB-SOINN 中，网络被分为多个子网，在每个子网中都有一个 SOINN 模型。在模型的构建过程中，LB-SOINN 采用了并行计算的方式，即将输入数据分配到不同的处理器上进行处理。在每个处理器上，只需要处理它所分配到的数据和相邻子网的数据。为了保证网络的连通性，相邻子网之间会进行信息交换，以共享边界节点的信息。LB-SOINN 采用贪心的策略，将节点添加到网络中，同时维护网络的拓扑结构。在节点添加的过程中，节点与其他节点之间的距离被计算，并且节点根据距离大小进行连接或删除。同时，LB-SOINN 还采用了动态更新内部中心点的机制，以适应不断变化的输入数据分布。通过在多个处理器上进行并行计算和动态负载平衡，LB-SOINN 可以处理更大规模的数据集，并且在运行时间和准确性方面都具有较好的表现。

Local Distribution SOINN 的目的是在没有网络结构等先验知识的情况下，以增量自组织的方式自动获得学习数据的分布情况。网络中的每个节点都记录了原始学习数据的局部数据分布。LD-SOINN 通过赋予每个节点一个以统计为理论支撑的自适应警戒参数，能够自动为新知识添加新节点，节点数量不会无限增长。在学习过程继续的同时，彼此靠近且具有相似主成分的节点将被合并以获得稀疏的数据表示。基于密度的去噪处理旨在降低噪声的影响。相对于前三种方法，LD-SOINN 结合了分布式的局部聚类方法，在相关的人工数据集和真实数据集上都表现出更强的性能。

Density-based SOINN 是面向增量聚类问题特别设计的算法，采用自适应距离度量处理增量学习环境下的数据归一化问题，并提出了结合密度峰值与密度连通的聚类方法，有效地解决了 SOINN 类模型中聚类分割的难题。与其余 SOINN 模型相比，对于适合节点密度度量的数据集，DenSOINN 是最适用于其的聚类模型。

本章涉及的算法旨在提升 SOINN 算法的可应用性。它们具有较高的自适应性、高效性、优化性和并行性等共同优点，能够广泛应用于数据挖掘、模式识别和机器学习等领域。

第 5 章

SOINN的应用

SOINN 最初被设计为一种在线非监督学习的框架，用于处理无标签的数据。使用一种自组织增量的结构，SOINN 可以做到在没有任何先验知识（如所有类别的总数）的情况下，通过学习输入数据的拓扑结构，将无标签的数据划分为不同的类别。其最直接的应用自然是通过无监督学习将无标签数据进行分类，即通称的“聚类”任务。

近年来，随着半导体行业的飞速发展，各种计算机系统，尤其是移动设备和可穿戴设备，所能提供的算力越来越充足，人工神经网络类的方法也得到了极高的关注度。越来越多的研究者开始尝试将人工神经网络方法应用到各种不同领域的不同问题上。SOINN 可以进行增量式的学习，对噪声数据有着良好的分辨能力，自然也得到了广泛的应用。

除最基础的聚类任务外，SOINN 还被应用于数据的处理与预处理。使用 SOINN 预先处理数据，可以提升方法整体的鲁棒性，或实现简化计算、异构数据精炼、筛选数据等效果。而结合另一个热门领域“计算机视觉”，SOINN 还可用于特征提取，或直接用于图像的分类、识别与匹配。

SOINN 学习数据拓扑结构的能力、非监督与自组织结构的特点，天然地适用于异常检测任务，在恶意软件检测、网络入侵防护、设备异常诊断等方面都有不错的应用。

除上述领域外，SOINN 还可用于时间序列预测等工作。本章将简单介绍 SOINN 在不同领域的应用情况及其基本使用思路。

5.1 聚类

SOINN 的最基本应用无疑是无标签数据的聚类任务。其主要优势在于：

- 不需要预先定义类别数目，也不需要设定类别数目的范围；
- 实时学习和调整，即在线学习；

- 对噪声数据具有较好的鲁棒性。

这些使得 SOINN 适用于绝大部分聚类任务。

5.1.1 并行计算

增量式聚类算法在大数据处理中起着至关重要的作用。海量数据的存在对硬件平台提出了更高的计算需求。基于 GPU 的并行计算是满足这一需求的一种可行方法。SOINN 无须事先定义类别数目，并且可以方便地调节得到的聚类的粒度，使得 SOINN 可用于并行计算的聚类任务。

通常的增量聚类算法在 GPU 加速时面临着准确性和并行性不可共存的困境。分块算法以粗粒度生成聚类，为了并行性牺牲了计算的准确性；而细粒度的逐点算法以并行性交换准确性。使用 SOINN 则可以尝试在中等粒度上结合二者各自的优势 [48]。

整个过程分为两部分：先是并行部分，需要从新输入的数据块中生成微聚类；再是串行部分，微聚类将被进一步地聚类为最后的结果。

下面考察微聚类的方法（也称均值偏移法）。假设有一组输入数据 $\mathcal{D} = \{\boldsymbol{x}_1, \boldsymbol{x}_2, \cdots, \boldsymbol{x}_n\}$，其中 $\boldsymbol{x}_i \in \mathbb{R}^d$ 为 d 维向量。可以通过下式来估计其隐藏概率密度：

$$f(\boldsymbol{x}) = \frac{c_{k,d}}{n(h)} \sum_{i=1}^{n} k\left(\left\|\frac{\boldsymbol{x} - \boldsymbol{x}_i}{h}\right\|^2\right) \tag{5.1}$$

其中，$c_{k,d}$ 为一个常数，$k(\cdot)$ 为特定核方法，而 h 为带宽参数。

主要思路在于，特征空间中的密集区域应当对应隐藏概率密度函数的局部最大值，即静止点；并且静止点 $\boldsymbol{z}$ 的梯度 $\nabla f(\boldsymbol{x})|_{\boldsymbol{x}=\boldsymbol{z}}$ 应当为 0。需要将每个数据点移动到其最近的静止点，并且收敛到同一个静止点的点形成一个不同的聚类。可以看出，使用 SOINN 可以很容易地实现微聚类的工作。最终生成的代表点便起到了微聚类中心（其隐藏概率密度局部最大值位置）的作用。

5.1.2 异构数据的处理

异构数据的处理得到了越来越多的关注。而通过设计合适的距离度量，SOINN 也可应用于异构数据。例如，一种可用于混合数据的距离度量方法 [49]，可以在匹配同一属性的两个值时返回 0，而在不同属性的情况下返回最大为 1 的实数值，记为 d_{mix}：

$$\begin{aligned}
d_{\text{mix}}(\boldsymbol{x}, \boldsymbol{y}) &= \sqrt{d_{\text{num}}^2(\boldsymbol{x}, \boldsymbol{y}) + d_{\text{cat}}^2(\boldsymbol{x}, \boldsymbol{y})} \\
d_{\text{num}}(\boldsymbol{x}, \boldsymbol{y}) &= \sum_{a_k \in \text{num}} (\boldsymbol{x}_{a_k} - \boldsymbol{y}_{a_k}) \\
d_{\text{cat}}(\boldsymbol{x}, \boldsymbol{y}) &= \sum_{a_k \in \text{cat}} [w_{a_k}(\boldsymbol{x}_{a_k}, \boldsymbol{y}_{a_k}) \cdot \delta(\boldsymbol{x}_{a_k}, \boldsymbol{y}_{a_k})]
\end{aligned} \tag{5.2}$$

其中，$\boldsymbol{x},\boldsymbol{y}$ 为两个不同样例，$a_k \in \mathrm{num}$ 为不同的数值属性，$a_k \in \mathrm{cat}$ 为不同的类别属性，w_{a_k} 则是不同类别属性的权重。受该属性下可能的类别数目影响的函数 δ 有如下定义：

$$\delta(p,q)=\begin{cases}1, & p\neq q\\ 0, & p=q\end{cases} \tag{5.3}$$

使用简单的汉明距离计算混合距离会使距离度量偏向分类属性，而引入权重 w_{a_k} 便解决了这一问题。另外，使用精心设计的权重计算方法，还可以将有标签的类别属性数据与无标签的类别属性数据都纳入这个框架下。

还可以基于密度来调整距离度量，例如，下面公式表示的距离度量方法 [50]，记为 $d_{\mathrm{den}}(\cdot,\cdot)$：

$$d_{\mathrm{den}}(\boldsymbol{x},\boldsymbol{y})=\sqrt{\sum_{a_k} w_{a_k}\cdot(\boldsymbol{x}_{a_k}-\boldsymbol{y}_{a_k})^2} \tag{5.4}$$

其中的权重 w_{a_k} 则根据现有的节点参数统计所得，如下所示：

$$w_{a_k}=\frac{1}{(\max_{\boldsymbol{z}\in\mathcal{N}}\boldsymbol{z}_{a_k}-\min_{\boldsymbol{z}\in\mathcal{N}}\boldsymbol{z}_{a_k})^2} \tag{5.5}$$

其中，$\mathcal{N}$ 为当前所有节点的集合，a_k 为不同的属性。

此种密度估计还能使用核方法 [51]，对每个节点 $\boldsymbol{x}$ 计算如下矩阵 $\boldsymbol{M}_{\boldsymbol{x}}$：

$$\begin{gathered}\gamma_{\boldsymbol{x}}=\begin{cases}\min_{\boldsymbol{y}\in\mathcal{N}_{\boldsymbol{x}}}\|\boldsymbol{x}-\boldsymbol{y}\|, & \mathcal{N}_{\boldsymbol{x}}\neq\varnothing\\ \min_{\boldsymbol{y}\in\mathcal{N}}\|\boldsymbol{x}-\boldsymbol{y}\|, & \mathcal{N}_{\boldsymbol{x}}=\varnothing\end{cases}\\ \boldsymbol{M}_{\boldsymbol{x}}=\frac{\sum\limits_{y\in\mathcal{N}_{\boldsymbol{x}}} t_{\boldsymbol{y}}(\boldsymbol{y}-\boldsymbol{x})(\boldsymbol{y}-\boldsymbol{x})^{\mathrm{T}}}{\sum\limits_{y\in\mathcal{N}_{\boldsymbol{x}}} t_{\boldsymbol{y}}}+\rho\gamma_{\boldsymbol{x}}\boldsymbol{I}\end{gathered} \tag{5.6}$$

其中，$\mathcal{N}$ 为所有节点集合，$\mathcal{N}_{\boldsymbol{x}}$ 为与 $\boldsymbol{x}$ 相邻节点的集合，$t_{\boldsymbol{y}}$ 表示 $\boldsymbol{y}$ 节点的获胜次数，ρ 为设定的密度参数，$\boldsymbol{I}$ 为单位矩阵。当需要计算相似度来判定是否加入新节点时，则进行如下判断：

$$\begin{gathered}(\boldsymbol{x}-\boldsymbol{s}_1)^{\mathrm{T}}\boldsymbol{M}_{\boldsymbol{s}_1}^{-1}(\boldsymbol{x}-\boldsymbol{s}_1)>1\\ (\boldsymbol{x}-\boldsymbol{s}_2)^{\mathrm{T}}\boldsymbol{M}_{\boldsymbol{s}_2}^{-1}(\boldsymbol{x}-\boldsymbol{s}_2)>1\end{gathered} \tag{5.7}$$

其中 $\boldsymbol{s}_1,\boldsymbol{s}_2$ 为两个胜出节点，若任何一条满足则将新节点加入。

此外，还可以引入如自适应度量学习的方法来动态调整距离度量 [52]。如图 5.1所示，整个流程以迭代的方式进行。每次学习新的数据之前，都先根据现有的聚类结果进行一次距离度量学习，调整距离度量。然后新的数据在学习时使用新的距离度量。

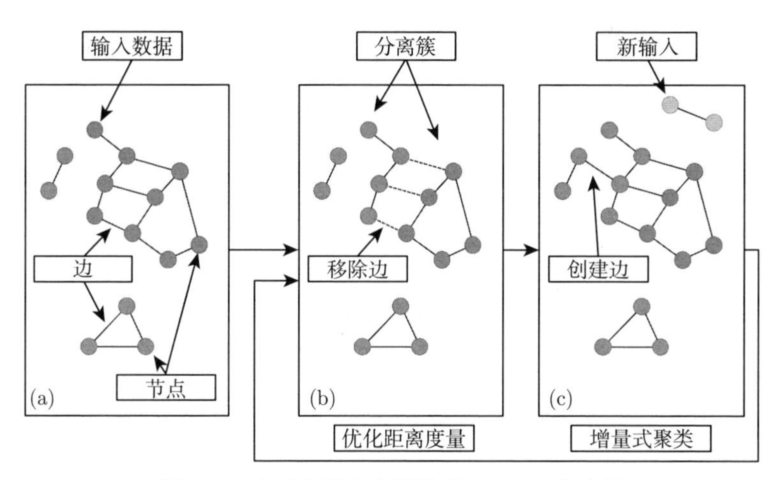

图 5.1 自适应距离度量用于 SOINN 的流程

下面提供一种常见的距离度量学习方法。

假设数据集 $\boldsymbol{X}$ 中有 n 个样本 $\boldsymbol{x}_1,\boldsymbol{x}_2,\cdots,\boldsymbol{x}_n$。使用一种线性映射 $\boldsymbol{G}\in\mathbb{R}^{m\times l}$，每个样本 $\boldsymbol{x}_i\in\boldsymbol{X}$ 都可以从 m 维空间映射到 l 维空间：

$$\boldsymbol{G}:\boldsymbol{x}_i\in\mathbb{R}^m\rightarrow\hat{\boldsymbol{x}}_i=\boldsymbol{G}^{\mathrm{T}}\boldsymbol{x}_i\in\mathbb{R}^l \tag{5.8}$$

其中，$l<m$，而 $\boldsymbol{G}$ 为正交变换，符合 $\boldsymbol{G}^{\mathrm{T}}\boldsymbol{G}=\boldsymbol{I}$，$\boldsymbol{I}$ 为单位矩阵。这样就可以定义马哈拉诺比斯距离度量：

$$d_M(\hat{\boldsymbol{x}}_i,\hat{\boldsymbol{x}}_j)=\sqrt{(\hat{\boldsymbol{x}}_i-\hat{\boldsymbol{x}}_j)^{\mathrm{T}}\boldsymbol{\Sigma}^{-1}(\hat{\boldsymbol{x}}_i-\hat{\boldsymbol{x}}_j)} \tag{5.9}$$

其中，$\boldsymbol{\Sigma}$ 为如下定义的协方差矩阵：

$$\boldsymbol{\Sigma}=\frac{1}{n}\boldsymbol{G}^{\mathrm{T}}(\boldsymbol{x}_i-\boldsymbol{\mu})(\boldsymbol{x}_i-\boldsymbol{\mu})^{\mathrm{T}}\boldsymbol{G}+\sigma\boldsymbol{G}^{\mathrm{T}}\boldsymbol{I}\boldsymbol{G} \tag{5.10}$$

其中，$\sigma>0$ 为正则化参数，$\boldsymbol{\mu}$ 为 $\boldsymbol{x}_i$ 的平均值。而距离度量学习目标则为最小化以下平方误差和 $\mathrm{sse}(\{\mathcal{C}_j\})$：

$$\mathrm{sse}(\{\mathcal{C}_j\})=\sum_{j=1}^{k}\sum_{\hat{\boldsymbol{x}}_i\in\mathcal{C}_j}d_M^2(\hat{\boldsymbol{x}}_i,\boldsymbol{\mu}_j) \tag{5.11}$$

其中，$\boldsymbol{\mu}_j$ 为第 j 个聚类 $\mathcal{C}_j$ 的均值。这一最小化问题可以转化为如下类内平方

误差和 $\mathrm{ssie}(\{\mathcal{C}_j\})$ 的最大化问题：

$$\mathrm{ssie}(\{\mathcal{C}_j\}) = \sum_{j=1}^{k} n_j d_M^2(\boldsymbol{\mu}, \hat{\boldsymbol{\mu}}) \tag{5.12}$$

其中，n_j 为第 j 个聚类 $\mathcal{C}_j$ 的采样数量，$\hat{\boldsymbol{\mu}} = \frac{1}{n}\sum_{i=1}^{n} \hat{\boldsymbol{x}}_i$。实际则由如下类指示矩阵 $\boldsymbol{F}$ 和加权类指示矩阵 $\boldsymbol{L}$ 计算：

$$\begin{aligned}
&\boldsymbol{F} = \{f_{i,j}\} \\
&f_{i,j} = \begin{cases} 1, & \boldsymbol{x}_i \in \mathcal{C}_j \\ 0, & \boldsymbol{x}_i \notin \mathcal{C}_j \end{cases} \\
&\boldsymbol{L} = \boldsymbol{F}(\boldsymbol{F}^{\mathrm{T}}\boldsymbol{F})^{-\frac{1}{2}} \\
&\mathrm{ssie}(\{\mathcal{C}_j\}) = \frac{1}{n}\mathrm{tr}(\boldsymbol{L}^{\mathrm{T}}\boldsymbol{X}^{\mathrm{T}}\boldsymbol{G}(\boldsymbol{\Sigma}^{\mathrm{T}})^{-1}\boldsymbol{G}^{\mathrm{T}}\boldsymbol{X}\boldsymbol{L})
\end{aligned} \tag{5.13}$$

其中，$\mathrm{tr}(\cdot)$ 为矩阵的迹。

这一最大化问题可以由最大期望算法迭代更新 $\boldsymbol{G}$ 和 $\boldsymbol{L}$ 来实现。$\boldsymbol{G}$ 的计算则可以通过 QR 分解矩阵 $\boldsymbol{\Sigma}^{-1}\boldsymbol{X}\boldsymbol{L}\boldsymbol{L}^{\mathrm{T}}\boldsymbol{X}^{\mathrm{T}}$，令 $\boldsymbol{G}$ 为 $\boldsymbol{\Sigma}^{-1}\boldsymbol{X}\boldsymbol{L}\boldsymbol{L}^{\mathrm{T}}\boldsymbol{X}^{\mathrm{T}}$ 的前 l 个特征向量所组成的矩阵。整个距离度量学习方法如算法 17（Algorithm 17）所示。

Algorithm 17 距离度量学习

Input: 数据集 $\boldsymbol{X}$，类别数 k，投影后维数 l。

1. 将 $\boldsymbol{X}$ 聚为 k 类，根据式 (5.13) 计算加权类指示矩阵 $\boldsymbol{L}$
2. **repeat**
3. 令 $\boldsymbol{G}$ 为 $\boldsymbol{\Sigma}^{-1}\boldsymbol{X}\boldsymbol{L}\boldsymbol{L}^{\mathrm{T}}\boldsymbol{X}^{\mathrm{T}}$ 的前 l 个特征向量所组成的矩阵
4. 根据式 (5.13) 计算 $\mathrm{ssie}(\{\mathcal{C}_j\})$
5. **until** $\mathrm{ssie}(\{\mathcal{C}_j\})$ 收敛

Output: 映射矩阵 $\boldsymbol{G}$，协方差矩阵 $\boldsymbol{\Sigma}$。

5.2 计算机视觉

随着机器人及自动驾驶等技术的发展，场景识别开始得到关注。在此类任务中，通常需要将不同层级的信息融合起来，这对保持信息的一致性提出了挑战。同时，现实场景的多样性及噪声使得这个任务更加困难。而 SOINN 的灵活性、可用于非监督增量式学习的特性及对噪声的鲁棒性则很好地符合了这个任务对特征提取器的要求。

5.2.1　特征提取

对图像进行处理，首先需要进行特征提取。使用 SOINN 进行特征提取，也就是需要让 SOINN 学习图像数据的某种抽象，在保留最重要信息的情况下减小数据的规模 [53]。使用 SOINN 进行图像特征提取的基本结构如图 5.2所示。图像首先被切割为若干相同大小的分块。例如，将图像切割为 4×4 大小的分块，每个分块都将是一个 16 维的向量。这些分块可以互相重叠或不互相重叠，取决于使用的具体算法。然后将这些图像作为输入训练一个 SOINN。SOINN 所学得的代表节点便可以作为码书，这样对每一个原始输入向量都可以使用与其距离最近的代表节点作为其编码。此时便可以使用码书和编码重建任何原始图像，而通过采样便可做到在保留重要信息的情况下缩小数据的规模。

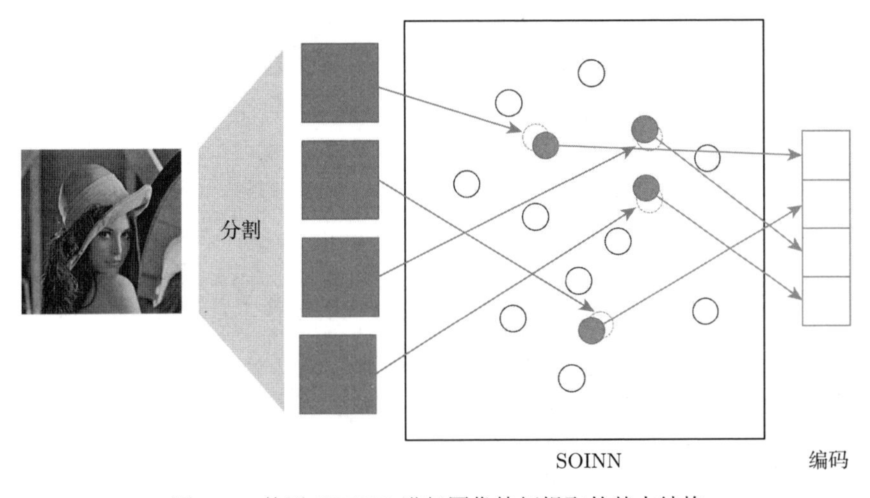

图 5.2　使用 SOINN 进行图像特征提取的基本结构

除简单的随机采样外，池化也是一种可选的手段，如平均池化。如图 5.3所示，平均池化是指将特定范围内的数据取平均值。依然是上述 4×4 的分块方法，而分块间没有重叠，则可以使用图 5.3 中的方法，将每个 $2{\times}2$ 范围内的值取平均。通过这种方法，便可使用一个仅有 4 个维度的向量表达这个 $4{\times}4$ 的分块而不损失太多信息。此外，还有最大值池化等不同的池化方式。也可以记录每个样本是否对节点的激活有所贡献而进行不同的加权计算。

这样，一次切割–学习–采样的流程完成后，便能将原始图像转变为通过特定码书的编码所表示的信息。通过 SOINN 的学习而获得的编码可用于图像的重建，也就是做到了在保留最重要信息的情况下减小数据规模的目标，即提取了图像的特征。而这样的流程可以重复进行，在第一层的 SOINN 上增加第二层 SOINN，学习并提取更高层次的特征。

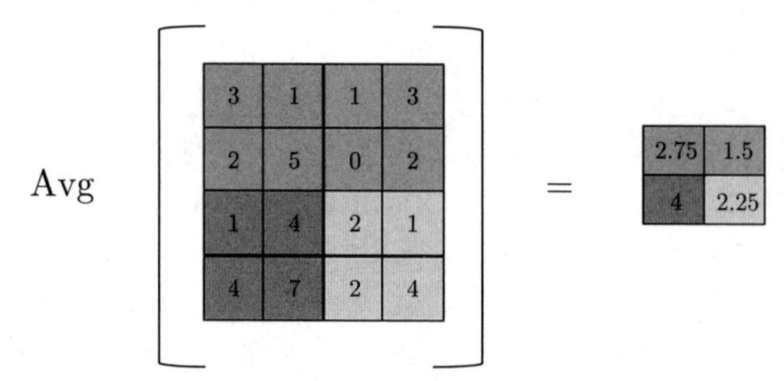

图 5.3 平均池化示意图

在计算机视觉的任务中，有时还需要完成自下而上的信息提取，或者说提取一些局部特征。下面阐述 SOINN 在此类工作中的一种应用方法 [54]。

作为输入的图像通常可以分为灰度纹理和色彩两部分。灰度纹理图可以使用如下旋转不变的局部二值模式进行提取 [55]：

$$\mathrm{lbp}_{p,r}(c)=\begin{cases}\displaystyle\sum_{i=1}^{p}\mathrm{binary}(g_i-g_c), & \mathrm{uniform}(p,r)\leqslant 2\\ p+1, & \mathrm{uniform}(p,r)>2\end{cases}\tag{5.14}$$

其中，p 为临近像素的数量，r 为局部二值模式的半径，g_i 和 g_c 则分别是像素点 i 和中心像素点 c 的灰度。而旋转不变的标准模式计数 $\mathrm{uniform}(p,r)$ 及二值化函数 $\mathrm{binary}(x)$ 则如下式所示：

$$\begin{aligned}\mathrm{uniform}(p,r)&=|\mathrm{binary}(g_p-g_c)-\mathrm{binary}(g_0-g_c)|+\\&\quad\sum_{i=2}^{p}|\mathrm{binary}(g_i-g_c)-\mathrm{binary}(g_{i-1}-g_c)|\\\mathrm{binary}(x)&=\begin{cases}1, & x\geqslant\theta_{\mathrm{binary}}\\0, & x<\theta_{\mathrm{binary}}\end{cases}\end{aligned}\tag{5.15}$$

其中，θ_{binary} 是二值化的阈值。将每个像素 i 及其周围像素的局部二值模式值进行组合得到其灰度特征 $\boldsymbol{v}_{\mathrm{texture}}(i)$。色彩特征 $\boldsymbol{v}_{\mathrm{color}}(i)$ 则可以直接取 RGB 或 Lab 等色彩空间的取值，作为一个三维向量。

进一步获取每个类的表示特征的工作可以使用 SOINN 进行聚类来完成。SOINN 在此处应用有着诸多优点：首先，可以从给定的数据分布中输出代表点，将其作为该任务所需的类表示特征；然后，区别于 k-means 等算法，SOINN 可以自适应地获得所需节点的数量，而不需要预先设定一个合适的数值；最后，SOINN 对噪声的鲁棒性以及增量式学习的能力也有着巨大优势。

纹理及色彩的表示特征集 U^c_{texture} 与 U^c_{color} 分别从人工标记的训练数据中学得。每次训练都从训练集中提取出属于同一个类别的所有训练图像中所有像素的纹理和色彩特征并将其输入 SOINN，输出的代表点则作为该类别的表示特征：

$$\begin{aligned}\mathcal{U}^c_{\text{texture}} &= \text{SOINN}(\mathcal{V}^c_{\text{texture}})\\ \mathcal{U}^c_{\text{color}} &= \text{SOINN}(\mathcal{V}^c_{\text{color}})\end{aligned} \tag{5.16}$$

其中，$\text{SOINN}(\mathcal{V})$ 表示对应输入训练集 $\mathcal{V}$ 所输出的代表点。$\mathcal{V}^c_{\text{texture}}$ 和 $\mathcal{V}^c_{\text{color}}$ 分别表示类别 c 中纹理及色彩的特征集：

$$\begin{aligned}\mathcal{V}^c_{\text{texture}} &= \{\boldsymbol{v}_{\text{texture}}(i)|\text{HandLabel}(i) = c\}\\ \mathcal{V}^c_{\text{color}} &= \{\boldsymbol{v}_{\text{color}}(i)|\text{HandLabel}(i) = c\}\end{aligned} \tag{5.17}$$

其中，$\text{HandLabel}(i)$ 表示像素 $\boldsymbol{x}$ 所属图像人工标注的正确类别。

在使用 SOINN 提取出所有类别的代表特征集后，便可对图像进行像素级的评分，记为 $\text{score}^c(i)$。$\text{score}^c(i)$ 通过前述方法中 SOINN 所输出的代表特征集 $\mathcal{U}^c_{\text{texture}}$ 与 $\mathcal{U}^c_{\text{color}}$ 进行计算，表示像素 i 属于类别 c 的概率。首先利用相对于最近代表特征的欧氏距离来计算纹理分 $\text{score}^c_{\text{texture}}(x)$：

$$\begin{aligned}d^c_{\text{texture}}(i) &= \min_{\boldsymbol{u}} \|\boldsymbol{v}_{\text{texture}}(i) - \boldsymbol{u}\| (\boldsymbol{u} \in \mathcal{U}^c_{\text{texture}})\\ \text{score}^c_{\text{texture}}(i) &= \exp\left(-\frac{(d^c_{\text{texture}}(i))^2}{\sigma_{\text{texture}}}\right)\end{aligned} \tag{5.18}$$

其中，σ_{texture} 为设定的参数，而色彩分 $\text{score}^c_{\text{color}}(i)$ 也用类似的方法计算。最终像素级得分则定义为 $\text{score}^c_{\text{texture}}(i)$ 与 $\text{score}^c_{\text{color}}(i)$ 之积：

$$\text{score}^c(i) = \text{score}^c_{\text{texture}}(i) \times \text{score}^c_{\text{color}}(i) \tag{5.19}$$

由此，通过 SOINN 提取的类表示特征便可用于局部的类别判定。而在后续的过程中，带有自下而上信息的像素级得分 $\text{score}^c(i)$ 则与相对应的整体级得分 $\hat{\text{score}}^c(i)$ 进一步融合，用于异常标记的清理工作，如下范围内的像素标签将会被移除：

$$\left\{\frac{1}{n_{\mathcal{R}_m}} \sum_{i \in \mathcal{R}_m} \text{score}^c(i)\hat{\text{score}}^c(i)\right\} < \theta_{\text{remove}} \tag{5.20}$$

其中，$n_{\mathcal{R}_m}$ 为融合区域 $\mathcal{R}_m$ 中的像素数量，θ_{remove} 为清除阈值。

5.2.2 属性转移学习

为了取得良好的准确性，每个机器学习任务都需要海量的数据用于训练。而在实际使用中，人们可能希望一个训练好的机器学习方法能够在新的任务上更快地投入使用。以分类器为例，每出现一个新类别都重新设计一个分类器会造成大量的浪费，极大提升机器学习方法的部署成本。因此，少样本学习的概念被提出。少样本学习的基本思想就是在学习一个新类别的时候充分利用之前充分学习已有类别的过程中所获得的知识。从先前学习的类别中提取“一般知识”便是这类工作的重点 [56]。

通过提取一种基于目标分类的高层次特征描述，提取的特征可以做到在与训练集迥异的测试集上进行目标分类的任务。这种高层次特征描述称为属性，使用属性的少样本学习称为属性转移学习 [57]。基于属性的表示被认为是一种类之间非直接的解释性层级，并且可以在类之间共享或复用。这类方法主要有两种模式：直接属性预测和非直接属性预测 [61−63]。图 5.4展示了直接属性预测和非直接属性预测模型的不同流程。图中，$\boldsymbol{x}$ 代表样本特征，$y_1, y_2, \cdots, y_n$ 代表 n 个训练类别，$z_1, z_2, \cdots, z_l$ 代表 l 个训练时未知的测试类别，而 $a_1, a_2, \cdots, a_m$ 则是 m 个不同属性。对于直接属性预测，样本特征被直接转化为属性表示，直接通过预测其属性来确定输入图片的分类；而间接属性预测首先计算新图片在原始分类上的不同成分，然后由这些原始分类成分推断其属性表示，最后预测它属于哪个新类别。

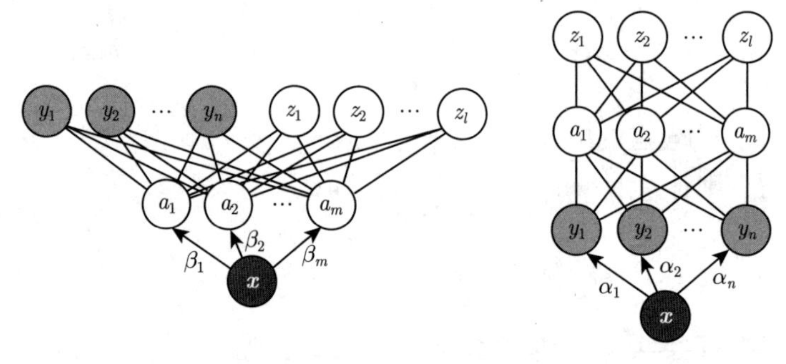

(a) 直接属性预测　　(b) 非直接属性预测

图 5.4　直接属性预测和非直接属性预测模型的不同流程

随着机器人和移动设备的发展，利用与用户的在线互动，多样化的属性标签变得可以更容易获得。基于这种考量，基于属性的在线增量式特征转移学习框架被提出。由于用户反馈存在潜在的不一致性，该框架要求在随时学习新属性的同时，可以在标签发生变化或加入了新的图片样本的情况下更新原本的属性模型。因此，擅长在线增量式学习且具有较高灵活性的 SOINN 可以用于属性特征的提取。SOINN 的记忆能力也就能在这类问题上得到良好的应用。

下面介绍一种使用 SOINN 提取样本特征与属性，使用支持向量机作为分类器的方法。同样地，这一方法也分为直接属性预测和非直接属性预测两个部分。

如图 5.5所示，在直接属性预测模式下，系统首先针对每个属性 a_i 学习一个二分类器。将每个属性上的正样本与负样本分别输入两个 SOINN 中，可以得到两组不同的代表点。将一对正负代表点集作为支持集，便可训练一个线性支持向量机实现对应属性上的二分类。因此，一共使用了 $2 \times m$ 个 SOINN，实现了 m 个分类器，其中 m 是属性的数量。在测试阶段，将测试图片 $\boldsymbol{x}$ 输入所有分类器，可以得到判别值 $d_1, d_2, \cdots, d_m \in \mathbb{R}$，其中

$$d_i = f_i(\boldsymbol{x}) = \boldsymbol{w}_i \cdot \boldsymbol{x} + b_i, \quad 1 \leqslant i \leqslant m \tag{5.21}$$

其正负性分别对应该属性的存在与否，而 $\boldsymbol{w}_i$ 与 b_i 分别是属性 a_i 对应的支持向量机学得的权值与偏置。将其转化为概率表示则为

$$p(a_i|\boldsymbol{x}) = \text{sigmoid}(d_i) \tag{5.22}$$

如果存在不同的特征空间 $\mathcal{Q}$，训练还可以并行进行。输入图片 $\boldsymbol{x}$ 具有属性 a_i 的概率可按如下方法计算：

$$p(a_i|\boldsymbol{x}) = \prod_{q \in \mathcal{Q}} \text{sigmoid}(d_i^q) \tag{5.23}$$

其中，d_i^q 是特征空间 q 中的判别值。

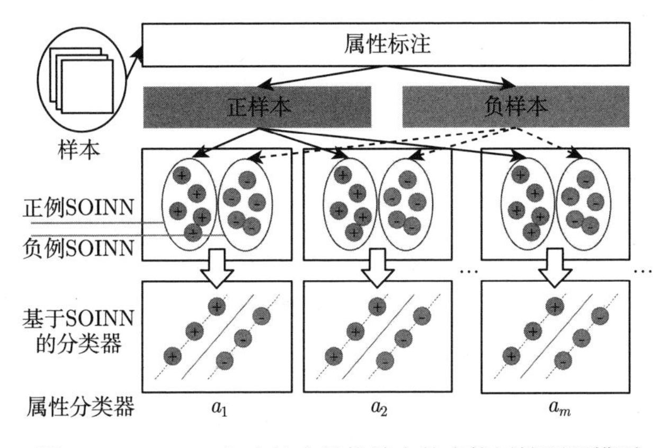

图 5.5　SOINN 与支持向量机结合的直接属性预测模型

如图 5.6所示，在非直接属性预测模式下，与直接属性模式相对应地，系统针对每个原始类别训练一个分类器，因此总计需要 $2 \times m$ 个 SOINN。特别地，

类别 y_j 所对应的支持向量机分类器使用正负两个 SOINN 的输出来训练。在测试阶段中，将测试图片 $\boldsymbol{x}$ 输入所有分类器，可以得到判别值 $d_1, d_2, \cdots, d_m \in \mathbb{R}$。使用如下方法转化为概率表述：

$$p(y_j|\boldsymbol{x}) = \prod_{q \in \mathcal{Q}} \text{sigmoid}(d_i^q) \tag{5.24}$$

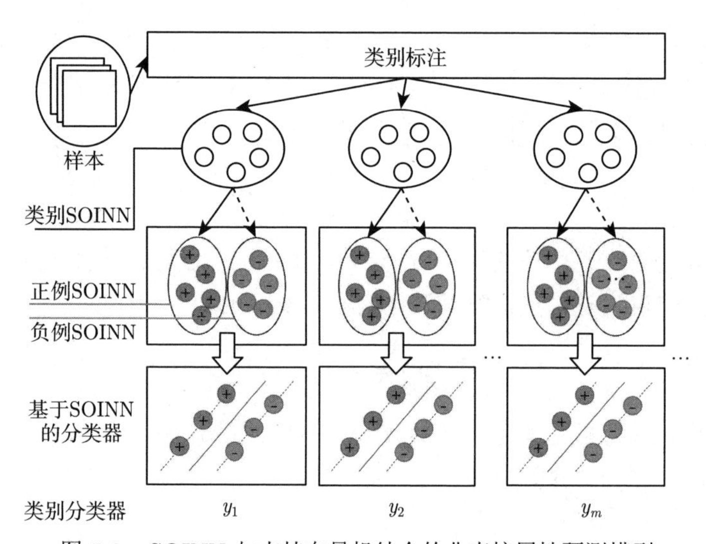

图 5.6　SOINN 与支持向量机结合的非直接属性预测模型

并且使用下式推断给定属性 a_i 下的概率：

$$p(a_i|\boldsymbol{x}) = \sum_{j=1}^{m} p(a_i|y_j)p(y_j|\boldsymbol{x}) \tag{5.25}$$

其中，$p(a_i|y_j) = [\![a_i = a_i^{y_j}]\!]$ 通过类别–属性对应矩阵获得。$[\![\cdot]\!]$ 为艾佛森括号：当 s 为真时，$[\![s]\!] = 1$，否则 $[\![s]\!] = 0$。上述两种不同模式的实现都可获得概率 $p(a_i|\boldsymbol{x})$，在预测中可按如下公式预测测试类别：

$$\begin{aligned} p(z_k|\boldsymbol{x}) &= \sum_{i=1}^{m} p(z_k|a_i)p(a_i|\boldsymbol{x}) \\ &= \sum_{i=1}^{m} \frac{p(a_i|z_k)p(z_k)}{p(a_i)} p(a_i|\boldsymbol{x}) \end{aligned} \tag{5.26}$$

其中，概率 $p(a_i|z_k) = [\![a_i = a_i^{z_k}]\!]$，属性先验概率 $p(a_i)$ 和测试类别先验概率

$p(z_k)$ 如下式所示，且均通过类别–属性对应矩阵获得：

$$p(a_i) = \frac{1}{m}\sum_j a_i^{y_j}$$
$$p(z_k) = \frac{1}{l} \tag{5.27}$$

最终可以选择最佳的测试类别作为输出：

$$f(x) = \arg\min_{z_k}(p(z_k|\boldsymbol{x})) \tag{5.28}$$

5.2.3 分类、识别与匹配

除了可用于非监督的聚类任务，SOINN 也可用于有监督的分类、识别与匹配任务。前文属性转移学习的例子中，将正负样本分别输入 SOINN 学习代表点的方法实际上已经揭示了使用 SOINN 进行有监督分类任务的一种思路。下面将介绍一种使用 SOINN 进行室内场景识别的应用 [61]。

假设一个有标签的训练集 $\mathcal{D} = \{(\boldsymbol{x}_1, y_1), (\boldsymbol{x}_2, y_2), \cdots, (\boldsymbol{x}_l, y_l)\}$。其中，$\boldsymbol{x}_i \in \mathbb{R}^d$ 为 d 维图像向量，而 $y_i \in \mathcal{C} = \{c_1, c_2, \cdots, c_m\}$ 则是其对应的分类标签。对于每一个标签，都需要训练两个 SOINN，分别对应正样本与负样本。这样，一共就需要训练 $2 \times m$ 个 SOINN。

对于每个类 c_j 而言，其对应的正样本为所有分类标签 $y_i = c_j$ 的样本 $(\boldsymbol{x}_i, y_i)$；而其对应的负样本则为 $\mathcal{D}$ 中其他所有样本。显而易见，即使在每个类别的样本数量较为平均的情况下，对于每个类而言，负样本的数量也会远远多于正样本的数量。因此，为了控制 SOINN 的拓扑结构，需要引入一个新参数 n。它强制任何第一获胜节点获胜超过 n 次后将获胜分配给第二获胜节点。如果第二获胜节点的获胜次数也大于 n，则生成一个新节点。参数 n 可以直接控制 SOINN 的输出节点数量。一般而言，将 n 设置为 0 会使 SOINN 将所有特征保留在其原始值中。相反，设置较高的 n 值会使 SOINN 仅输出少数代表节点，而大多数输入特征都被丢弃。后一种情况类似于原来的 SOINN。这种拓扑结构由参数 n 控制的 SOINN 称为 n-SOINN。

如图 5.7所示，每个类别都通过两个 SOINN 进行建模。其中，$\mathcal{N}_j^h$ 表示使用分类标签 $y_i = c_j$ 的样本作为输入，采用较高 n 值训练的 SOINN；而 $\mathcal{N}_j^l$ 则使用相同的输入，但采用较低 n 值进行训练。这样 $\mathcal{N}_j^h$ 中会有较少的代表点，而 $\mathcal{N}_j^l$ 中则有较多的代表点。因此可以使用 $\mathcal{N}_j^l$ 作为类别 c_j 的正向特征，而其负向特征则使用其他所有类别的交集，即 $\bigcup_{k \neq j} \mathcal{N}_k^h$。这样做还有利于使用低 n 值的正向特征捕获有关类别的更准确的信息；而使用高 n 值的负向特征捕获所有其他不相交类的更具一般性的信息。

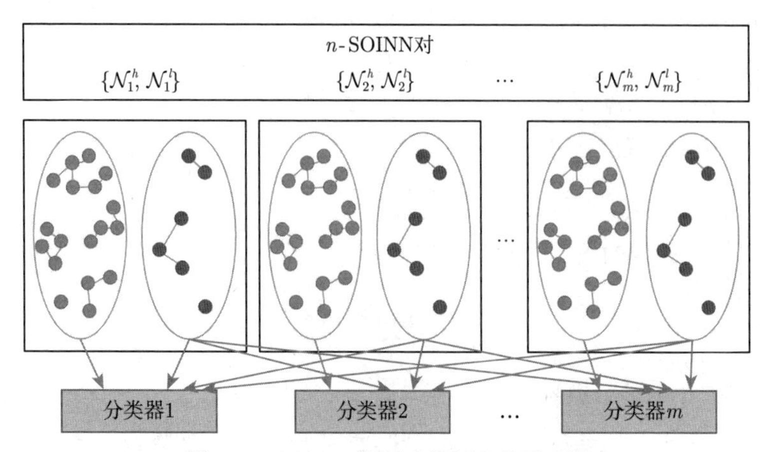

图 5.7　SOINN 用于分类任务的示意图

这样使用一些简单的分类器，如 m 个支持向量机，便能进行分类任务。而对于增量式的场景，只需要使用新类别 c_{m+1} 所包含的所有新样本，用同样的方法训练 $\mathcal{N}_{m+1}^h$ 与 $\mathcal{N}_{m+1}^l$，再重新构造 $m+1$ 个分类器即可。这样当需要进行识别时，需要进行两个步骤。第一步，将输入提供给所有的 m 个分类器，得到如下二元组：

$$\mathcal{Z} = \{(z_j, \theta_j)|\theta_j \geqslant \theta_{j+1}\} \tag{5.29}$$

其中，θ_j 分类器给出的置信度按从大到小排列，而 z_j 则为置信度第 j 高的类别标签。此时可以直接输出置信度最高的类别标签。而如果要增加准确度，则进行第二步，从 $\mathcal{Z}$ 中取前 q 个元素，再重复一次分类过程。最终所得最佳分类结果 c^*：

$$c^* = \underset{c \in z_1, z_2, \cdots, z_q}{\arg\max} \ P(y = c|\boldsymbol{x}) \tag{5.30}$$

在分类和识别任务外，还可以使用 SOINN 进行图像匹配任务。而要提高匹配任务的准确性，则一般还需对距离度量进行改进 [62]。使用 5.1.2节中的不同距离度量方法均可取得不错的效果。

5.3　时间序列预测

时间序列指将一个随时间发生变化的变量的值按照时间顺序排列所得的数列。时间序列预测则指利用过去的时间序列数据对未来一段时间内该变量的值进行预测，在工程、金融、社会科学、气象和生态研究等不同领域有十分广泛的应用。

下面介绍一种使用 SOINN 来解决时间预测问题的典型方法 [63]。

假设有一个长度为 T 的时间序列 $[x_1, x_2, \cdots, x_T]$。其中的某一元素 x_t 代表在时间点 t，我们所关心的变量的值。同时有与每个时间点对应的，包含对我们分析和预测上述变量值有用的信息的一组列向量 $[\boldsymbol{y}_1, \boldsymbol{y}_2, \cdots, \boldsymbol{y}_T]$。其中，$\boldsymbol{y}_1$ 与 x_1 对应，$\boldsymbol{y}_2$ 与 x_2 对应，依次类推。

举例来说，如果我们关心的变量为某个商品的价格，则每个时间序列可能是该商品在一个月内每一天的价格所构成的数列。这样一来 T 的值就可能为 28、29、30 或者 31，而 x_t 则表示该月第 t 天该商品的价格。而 $\boldsymbol{y}_t$ 则可以是该月第 t 天与该商品价格可能相关的一些数据值（如其原材料的价格或与其存在互补关系的商品的价格等）所组成的向量。此时的任务便是在新的一个月里，预测该商品的价格可能产生的变化。

进行预测前，首先需要设定一个窗口长度 m。通过截取时间序列中所有长度为 m 的子序列，可以构造数据集 $\mathcal{D}$。对于每个时间点 $t \geqslant m$，将如下的对应该时间点的样本 x_t 加入数据集 $\mathcal{D}$：

$$\boldsymbol{x}^t = [x_{t-m+1}, x_{t-m+2}, \cdots, x_t, \boldsymbol{y}_t^{\mathrm{T}}] \tag{5.31}$$

其中，$\boldsymbol{y}_t^{\mathrm{T}}$ 表示列向量 $\boldsymbol{y}_t$ 的转置，方括号 $[\cdot,\cdot]$ 表示向量的拼接，即将时间点 t 及之前的共 m 个时间序列变量值与时间点 t 对应的信息向量拼接为一个样本向量。对每个已知的时间序列都重复此法，直至数据集 $\mathcal{D}$ 构建完成。

接着将 $\mathcal{D}$ 作为训练集来训练一个 SOINN，将得到的节点集记为 $\mathcal{N}$。

此时如果需要进行时间序列预测，假设已有 $m-1$ 个连续时间点的变量值，需要预测下一个时间点的变量值，则可构造如下向量 $\boldsymbol{u}$：

$$\boldsymbol{u} = [u_1, u_2, \cdots, u_{m-1}, \boldsymbol{v}_m] \tag{5.32}$$

其中，$u_1, u_2, \cdots, u_{m-1}$ 为所需预测的变量在前 $m-1$ 个时间点的值，而 $\boldsymbol{v}_m$ 为当前时间点对应的信息向量，方括号 $[\cdot]$ 表示向量的拼接。

然后将 SOINN 节点集 $\mathcal{N}$ 中的节点，在忽略第 m 个元素（当前时间点的变量值）的情况下与 $\boldsymbol{u}$ 计算距离。其中距离最近者记为 $\boldsymbol{n}^c$，即

$$\begin{aligned}\boldsymbol{n}^c &= \mathop{\arg\min}_{\boldsymbol{n}\in\mathcal{N}} \mathrm{dist}_m(\boldsymbol{n}, \boldsymbol{u}) \\ \boldsymbol{n}^c &= [n_1^c, n_2^c, \cdots, n_{m-1}^c, n_m^c, \boldsymbol{o}_m^c]\end{aligned} \tag{5.33}$$

其中，$\mathrm{dist}_m(\cdot)$ 为忽略第 m 个元素后的距离度量，使用欧氏距离则为

$$\mathrm{dist}_m(\boldsymbol{n}, \boldsymbol{u}) = \sqrt{\left[\sum_{i=1}^{m-1}(n_i - u_i)^2\right] + \|\boldsymbol{o}_m - \boldsymbol{v}_m\|_2^2} \tag{5.34}$$

其中，$\|\cdot\|_2^2$ 指向量的 2–范数的平方，即所有元素的平方之和。此时便可直接取预测值 $u_m = n_m$。

此外，也可以通过下式给出预测值：

$$u_m = u_{m-1} + \text{offset}(\boldsymbol{u} - \boldsymbol{n}^c) \tag{5.35}$$

其中，u_m 为所求的预测值，而 $\text{offset}(\cdot)$ 则为针对数据类型所设计的偏移计算函数，例如，可以简单地取 $\boldsymbol{u}$ 与 $\boldsymbol{n}^c$ 的前 $m-1$ 个元素的差的平均值，即

$$\begin{aligned} \text{offset}(\boldsymbol{u} - \boldsymbol{n}^c) &= \frac{1}{m-1}\sum_{i=1}^{m-1}(u_i - n_i^c) \\ u_m &= u_{m-1} + \frac{1}{m-1}\sum_{i=1}^{m-1}(u_i - n_i^c) \end{aligned} \tag{5.36}$$

除了简单地利用 SOINN 中最近的节点来进行时间序列预测，还可以引入 k 近邻的方法。使用式 (5.33) 中的方法，寻找 SOINN 的所有节点里与 $\boldsymbol{u}$ 距离最近的 k 个节点，记为 $\boldsymbol{n}^1, \boldsymbol{n}^2, \cdots, \boldsymbol{n}^k$，便可将如下的 k 个节点的平均值当作用于预测的节点，代入前述预测式 (5.35)，即令

$$\boldsymbol{n}^c = \frac{1}{k}\sum_{i=1}^{k}\boldsymbol{n}^i \tag{5.37}$$

而在此基础上，还可加入不同的权重，化作如下公式：

$$\boldsymbol{n}^c = \frac{\sum_{i=1}^{k} w_i \boldsymbol{n}^i}{\sum_{i=1}^{k} w_i} \tag{5.38}$$

一种比较常用的权重为距离的倒数，即

$$w_i = \text{dist}^{-1}(\boldsymbol{n}^i, \boldsymbol{u}) \tag{5.39}$$

其中，$\text{dist}(\cdot)$ 表示某种选定的距离度量，如式 (5.34) 中的 $\text{dist}_m(\cdot)$。

如上所述，使用 k 近邻或类似的方法，可以将 SOINN 中与给定输入数据相近的节点寻找出来。而这类使用线性预测、加权平均等方法进行时间序列预测的手段也可以被认为是使用了从 SOINN 的记忆层提取数据的方法。如果需要对复数步的时间序列进行预测，可以将预测所得的数据再次输入 SOINN 进

行训练，并重复该过程 [64]。使用 SOINN 进行时间序列预测的整体方法如算法 18（Algorithm 18）所示。

Algorithm 18 使用 SOINN 进行时间序列预测的整体方法

Input: 所有用于训练的时间序列及其对应的信息向量的集合 D，预测窗口 m，待预测的序列中 $m-1$ 个时间点的变量值 $u_1, u_2, \cdots, u_{m-1}$ 及此时的信息向量 $\boldsymbol{v}_m$，距离度量 $\text{dist}(\cdot)$，k，预测函数 $\text{offset}(\cdot)$。

1. **while** 还有未使用的时间序列 **do**
2. 　截取当前时间序列中所有长度为 m 的子序列
3. 　使用式 (5.31) 构造训练样本 $\boldsymbol{x}^t$ 加入训练集 D
4. **end while**
5. 使用式 (5.32) 构造预测向量 $\boldsymbol{u}$
6. **while** 预测还未中止 **do**
7. 　使用训练集 $\mathcal{D}$ 和距离度量 $\text{dist}(\cdot)$ 训练 SOINN，获得节点集 $\mathcal{N}$
8. 　$\mathcal{N}$ 中与 $\boldsymbol{u}$ 距离最近的 k 个节点 $\boldsymbol{n}^1, \boldsymbol{n}^2, \cdots, \boldsymbol{n}^k$
9. 　使用式 (5.38) 计算 $\boldsymbol{n}^c$
10. 　使用式 (5.35) 预测 u_m
11. 　将 u_m 加入 $\boldsymbol{u}$ 并将 u_1 去除
12. 　将 $\boldsymbol{u}$ 加入训练集 $\mathcal{D}$
13. **end while**

Output: 每一步获得的预测值 u_m。

5.3.1 距离度量方面的扩展

对预测所关心的变量值有用的信息可能有很多不同的类别，每个类别又包含不同数量维度的数据。例如，所关心的变量值为某种保温用品的月销量，它可能与每天的客流量相关，又同时与当月的平均气温相关。对客流量而言，其记录间隔为一天，这样与每个所关心的变量值相关的，类别为“客流量”的数据维度为 30；而类别为“当月平均气温”的数据维度仅仅为 1。

此时若直接使用向量之间的差的范数，如 2− 范数，即欧氏距离作为距离度量则可能因数据不平衡而导致结果不佳。在上述例子中，如果直接计算欧氏距离，两种不同类型的数据对结果的影响力便会存在一个 30 倍的差别。这时可以通过改变 SOINN 算法及前述预测过程中所使用的距离度量来解决这一问题。选择更为合适的距离度量函数，便可极大地改善预测精度。如下式所示的平均欧氏距离便是其中一种常用的距离度量：

$$\text{dist}_{\text{ME}}(\boldsymbol{u}, \boldsymbol{v}) = \sum_{i=1}^{m} \frac{1}{n_i} \sqrt{\sum_{j=1}^{n_i} (u_{i,j} - v_{i,j})^2} \tag{5.40}$$

其中，$\boldsymbol{u}$ 和 $\boldsymbol{v}$ 为需要计算距离的两个样本，它们分别由 m 个不同类别的数据

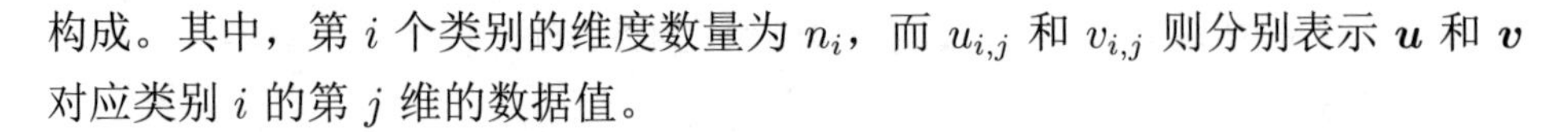

构成。其中，第 i 个类别的维度数量为 n_i，而 $u_{i,j}$ 和 $v_{i,j}$ 则分别表示 $\boldsymbol{u}$ 和 $\boldsymbol{v}$ 对应类别 i 的第 j 维的数据值。

5.3.2 SOINN 结合 Shapelet 的应用

Shapelet 是为了降低时间序列相关任务的时间消耗，提升其可解释性而被提出来的一种新概念。直观而言，Shapelet 可以被视为较长的时间序列中包含最多信息的子序列。这些子序列长度较短，且可以出现在原序列的任意位置。使用原时间序列中所包含的 Shapelet 子序列来代表原序列，可以同时降低相关任务的时间消耗，又同时具备良好的可解释性 [65]。朴素的 Shapelet 选取方法可以使用枚举法，但显然这样的方法时间复杂度过高。而 SOINN 可以自动去除样本噪声，且学习输入样本的模式原型的能力则可以很好地被用于从时间序列中筛选合适的 Shapelet[66]。

这里首先定义子序列之间的距离。对于相同长度 l 的子序列 $\boldsymbol{s}_1$ 和 $\boldsymbol{s}_2$，它们之间的距离可以使用如下定义：

$$\text{dist}(\boldsymbol{s}_1, \boldsymbol{s}_2) = \sqrt{\sum_{i=1}^{l}(\boldsymbol{s}_{1,i} - \boldsymbol{s}_{2,i})^2} \tag{5.41}$$

其中，$\boldsymbol{s}_{1,i}$ 和 $\boldsymbol{s}_{2,i}$ 分别表示 s_1 和 s_2 中第 i 个时间点的值。

假设所有时间序列的集合为 $\mathcal{D}$，所需 Shapelet 的最小和最大长度分别为 minLength 和 maxLength，则使用 SOINN 进行 Shapelet 筛选的方法的大体流程如算法 19（Algorithm 19）所示。

Algorithm 19 使用 SOINN 筛选 Shapelet

Input: 所有时间序列的集合 $\mathcal{D}$，所需 Shapelet 的最小长度和最大长度分别 minLength 和 maxLength。

1. $l = \text{maxLength}$
2. **while** $l \geqslant \text{minLength}$ **do**
3. 　从 $\mathcal{D}$ 中截取所有长度为 l 的子序列
4. 　将所有截取的子序列输入一个新的 SOINN 进行学习
5. 　将所学得的代表点加入候选集 $\mathcal{C}$
6. 　$l = l/2$
7. **end while**

Output: Shapelet 候选集 $\mathcal{C}$。

使用 SOINN 获得 Shapelet 候选集之后再利用投票等不同策略，便可从候选集中选出最终使用的 Shapelet。这种使用 SOINN 来学习 Shapelet 原型、获取候选集的方法可以丰富 Shapelet 的种类，使 Shapelet 不局限于训练集 $\mathcal{D}$

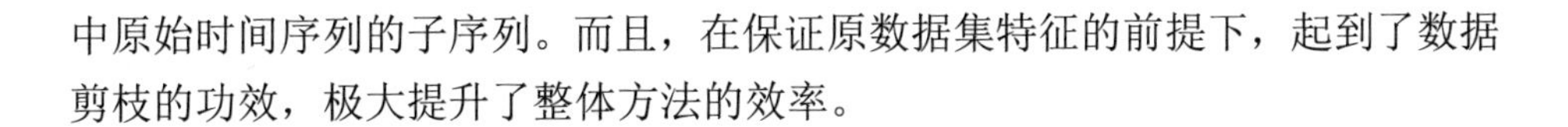

中原始时间序列的子序列。而且，在保证原数据集特征的前提下，起到了数据剪枝的功效，极大提升了整体方法的效率。

5.4　数据处理与预处理

近年来，机器学习技术得到了长足的发展。随着智能设备的不断普及、互联网技术的不断发展，采集到的数据越来越多，机器学习算法需要处理的数据规模也越来越大。因此，如何高效地对数据进行处理和预处理，使得到的数据能够更好地应用于下游任务，成为一个令人关注的话题。SOINN 能够增量地对数据进行处理，在无先验知识的情况下对数据进行聚类，并获得其中具有代表性的原型节点。因此，研究人员也在探索如何用 SOINN 进行数据处理和预处理。当前的研究主要可以分为两类：一类是直接利用 SOINN 进行数据的压缩和提炼；另一类是将 SOINN 的输出用于其他网络，以提高算法的学习效果。

5.4.1　数据压缩和提炼

1. 信息融合

信息融合技术可以对多源信息进行加工，从来自不同传感器的异构数据中提取到有用的信息。传统神经网络的拓扑结构无法事先确定，而且一旦确定后拓扑结构就无法发生变化，因此在动态变化的环境中，使用传统神经网络来实现信息融合并不合适。然而 SOINN 不需要依赖外界干预，可以在没有特定先验知识的情况下自适应地构建网络拓扑结构，非常适用于在动态环境中进行信息融合。

时晓峰等人 [67] 提出了一种基于自组织增量学习神经网络的信息融合技术。该系统使用不同的传感器对环境对象进行数据采集，然后使用增量式正交向量分析（Incremental Orthogonal Component Analysis，IOCA）对数据进行降维和特征提取，将提取到的特征输入 SOINN。获得特征数据后，SOINN 会对其进行学习，动态地构建出神经网络的拓扑结构。系统在 SOINN 学习到的拓扑基础上建立通用联想记忆机制，在表示相同类别、模式的神经元之间建立连接，实现决策层的异构数据融合。

为了使 SOINN 能够对不同源的数据进行处理，该算法重新定义了距离的计算方法。对于来自任意传感器的特征向量 $\boldsymbol{x}_1^i$ 和 $\boldsymbol{x}_2^j$，其中 i,j 表示对应的传感器变化，二者之间的距离定义为

$$\mathrm{Dis}(\boldsymbol{x}_1^i,\boldsymbol{x}_2^j)=\begin{cases}D_E(\boldsymbol{x}_1^i,\boldsymbol{x}_2^j), & i=j\\ \text{INFINITY}, & i\neq j\end{cases}\tag{5.42}$$

其中，$D_E(\boldsymbol{x}_1^i, \boldsymbol{x}_2^j)$ 表示 $\boldsymbol{x}_1^i$ 和 $\boldsymbol{x}_2^j$ 之间的欧氏距离，INFINITY 表示无穷大。当两个数据来自不同的输入源时，二者之间的距离为无穷大，算法会形成新的神经元节点。当两个数据来自同一输入源时，则能根据距离的远近进行聚合和更新。使用该距离，SOINN 不同连通区域的神经元节点将代表不同类型的传感器输入（如图 5.8所示）。整个学习过程是增量式的在线学习，能够进行多源异构数据的融合。

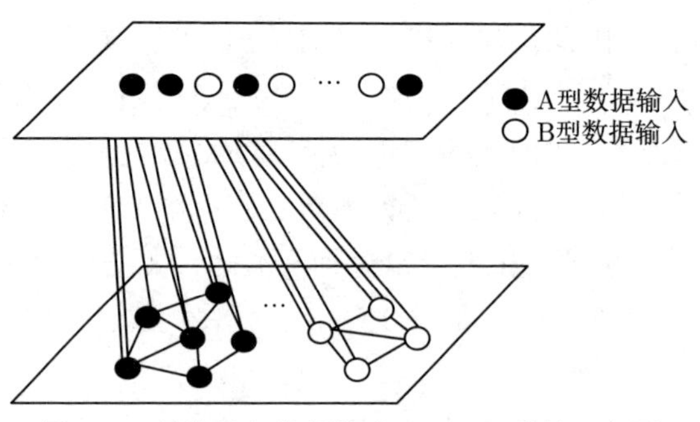

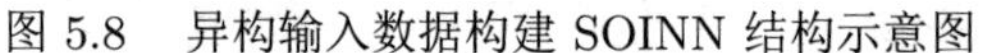
图 5.8　异构输入数据构建 SOINN 结构示意图

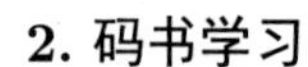
2. 码书学习

视觉词袋（Bag of Visual Words，BoVW）模型即码书模型，将图像的底层特征编码为视觉单词，在一定程度上保留了图像的高层语义信息，通常应用于图像分类领域。与传统分类方法相比，基于码书模型的图像分类算法对位置、角度、光照、物体形状变化等因素更加鲁棒。但是很多码书模型会忽略图像拓扑信息，并且不能适应增量学习的环境。这两个问题使得图像分类的效果受到了限制。SOINN 能够自动对数据的拓扑结构进行增量学习，并产生合适的聚类数目。利用 SOINN 来寻找更有效的单词和设计更有效的编码方式，能够产生更合适的码书，进而提高图像分类算法的精度。因此，袁飞云等人 [68] 提出了一种基于 SOINN 的码书创建方法，并将其应用于图像分类领域。

该方法利用了 SOINN 能够在非监督环境下进行聚类的特性，能够根据数据集的大小自动确定聚类的类别数目。算法首先对图像数据集中的每幅图抽取 SIFT 特征描述符，得到特征描述集 $X = \{x_1, x_2 \cdots, x_M\}$。然后，利用 SOINN 对特征描述集 X 进行非监督的聚类，产生初始的聚类结果 $\text{InitCenter} = \{iv_1, iv_2, \cdots, iv_K\}$。接着，利用控制误差 ε 和 k-means 聚类方法对初始中心集（InitCenter）进行处理，产生最终聚类中心，即码字集合 $V = \{v_1, v_2, \cdots, v_K\}$。有了上述码字集合后，即可对特征描述集中的每个特征 x_i 进行编码，并将图像数据集中的图像 I_i 进行 SPM，转化为最终的特征向量。

当前创建码书的主流算法需要在创建之前确定码书的大小，但是在无数据集先验知识的情况下，这些方法是不合适的。而基于 SOINN 的码书创建方法可以自动地确定聚类的类别数目，且能够实现增量地学习，适应更广泛的使用场景。实验证明，基于 SOINN 的码书产生方法可以显著提高图像分类的精度，该算法具有效性和优越性。

5.4.2　SOINN 的输出用于其他网络

除了使用 SOINN 对数据预先进行处理，另一个较为直接的方法就是将原始数据输入 SOINN，然后将 SOINN 得到的输出用于其他网络。

1. 增量不确定数据流回归

随着大数据的出现，越来越多的数据以序列形式呈现，尤其是数据流。但当处理序列数据时，如果这些数据中的值是不确定的（含有一些噪声），很多增量回归算法的准确率就会显著下降。SOINN 能够对噪声数据进行处理，对不确定数据具有一定的鲁棒性，并且能够适应于增量的环境。SOINN 可以在学习新数据时不忘旧数据，能够很好地处理流式数据。基于此，Hang Yu 等人 [69] 提出了一种基于 SOINN 和增量模糊支持向量回归（Incremental Fuzzy Support Vector Regression，IFSVR）的算法。

增量回归算法的输入是序列到达的数据 $(X_1, y_1), (X_2, y_2), \cdots, (X_{t-1}, y_{t-1}), (X_t, y_t)$。在每次输入时，模型会根据输入 (X_t, y_t) 来实时更新 $f_t \leftarrow f_{t-1}$。在上述算法中，回归神经网络的神经元是通过改进的 SOINN 取得的，这样整个网络结构能够随着神经元数目的增加实现自组织。算法使用 IFSVR 来修改回归神经网络的参数。通过结合改进的 SOINN 和 IFSVR，算法能够对不确定数据更鲁棒，做出更好更平滑的预测。

对 SOINN 做出的改进主要体现在两点：一是把经验风险最小化原则改为结构风险最小化原则，二是简化获取阈值 T 的方法，加快改进 SOINN 中的学习过程。改进的 SOINN 不仅继承了 SOINN 的所有优点，如神经网络的自组织能力和神经网络精确表示数据分布的拓扑结构的能力，而且还防止了过拟合。

原有 SOINN 的目的在于最小化经验风险，即最小化下面的重构误差：

$$L(t) = \frac{1}{2} \sum_{t=1}^{k} \sum_{i \in N} \mu_i(t) d_i^2(t) \tag{5.43}$$

其中，$d_i(t)$ 是输入信号 $X(t)$ 和神经元 S_i 之间的欧氏距离，N 是神经元的集合，k 是当前输入的信号数。$\mu_i(t)$ 的定义如下：

$$\mu_i(t) = \begin{cases} 1, & \text{离输入信号}X(t)\text{最近的神经元是}i \\ 0, & \text{其他} \end{cases} \tag{5.44}$$

当处理不确定数据时，使用上述误差可能会导致过拟合。在改进版本的 SOINN 中，最小化的误差变成下述误差：

$$L^*(t) = \frac{\gamma}{2}\sum_{t=1}^{k}\sum_{i\in N}\|S_i(t)\|^2 + L(t) \tag{5.45}$$

这种误差使得网络符合结构风险最小化原则，对非确定数据更加鲁棒。

在计算阈值 T_i 时，如果神经元 S_i 没有相邻的节点，则需要遍历所有节点，求它与其他节点之间的最小距离。此时的算法时间复杂度为 $O(N)$。当学习的数据比较多，学到的神经元数目很多时，SOINN 的学习速度会下降。为了解决这个问题，改进的 SOINN 使用了一种新的计算方法，用 $\eta_i(t)$ 代替原有的 T_i：

$$\eta_i(t) = \begin{cases} \eta_i(t-1) + (1-v)\omega(t), & |d| < \eta_i(t-1) \\ \eta_i(t-1) - v\omega(t-1), & \text{其他} \end{cases} \tag{5.46}$$

$\eta_i(t)$ 的初始值是 T_i，计算 $\eta_i(t)$ 的时间复杂度为 $O(1)$。这一改进可以显著提高计算阈值的速度，提高 SOINN 学习时的效率。

2. 智能日程重建

现代智能手机已经成为大多数人日常生活的一部分。利用手机上的用户状态，如位置、个性化活动等，应用程序可以更好地提供关于用户生活方式的理解。Jean-Eudes Ranvier 等人 [70] 提出了 routineSense——一个从简单用户状态自动重建复杂日常例程的系统。该系统结合机会主义感知、无监督模式生成和用户反馈，以增量的方式发现并排序频繁和异常的例程，遵循已建立的人类记忆模型。

routineSense 系统的框架和流程如图 5.9所示。系统首先通过停留点检测算法（基于 E-SOINN）和电话中的虚拟传感器（如 SMS 等）生成情节元素。然后，直接从情节元素重建例程。最后，Jean-Eudes Ranvier 等人用原型应用程序（嵌入 routineSense）显示了不同粒度级别的例程。

基于 E-SOINN 的停留点检测算法可以对停留点进行聚类和检测，用于情节元素的生成。停留点是指用户在其中停留最短时间以执行活动的位置，可用来确定用户的状态。它是使用地理围栏和 GPS 数据基于有限状态机生成的。

由于 GPS 读数的不精确性和空间的连续性，需要对停留点进行聚类，以检测同一地点的重复访问。E-SOINN 具有增量性，可以适用于无监督算法，且不需要事先知道聚类簇的数量，因此非常适合解决该问题。为了更好地满足 routineSense 的需求，系统对 E-SOINN 做了一些修改。系统删除了 E-SOINN 的遗忘机制，用以保留所有数据。由于手机等移动终端的算力有限，系统还修改了密度函数以简化计算，使其适合移动计算。算法还生成了一致的聚类标签，使得标签能够从一个增量重复使用到另一个增量。

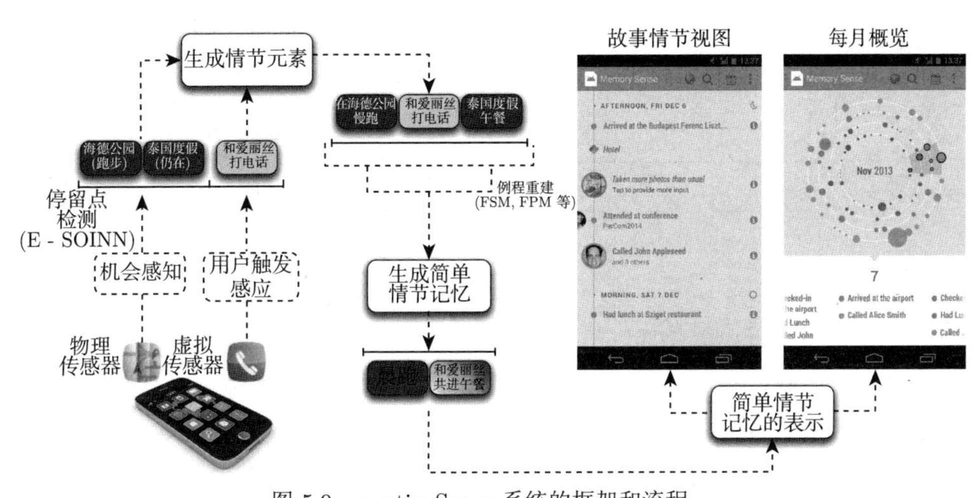

图 5.9 routineSense 系统的框架和流程

5.5 异常检测

5.5.1 SOINN 分类器

1. 僵尸网络检测

互联网攻击者通过远程控制僵尸网络来实现某种特殊目的（如发送大量垃圾邮件、DDOS 攻击、隐私信息窃取等）。僵尸网络可以快速传播，造成巨大经济损失。因此，进行僵尸网络检测时需要能够实现在线增量学习并且有较低的计算复杂度。SOINN 作为一种自组织增量学习网络，能够同时满足上述两个条件。Francesco Carpine 等人 [71] 使用 SOINN 分类器进行在线的 IRC 僵尸网络检测。如图 5.10所示，整个检测分为两个阶段。第一阶段，系统嗅探 IRC 流量，为每个单一的 IRC 动作提取一个实例，将实例写到特定聊天室相关的文件里。发生超时情况后，第一阶段暂停，第二阶段开始执行。第二阶段，对嗅到的新频道进行分类，并将它们报告到一个文本文件中。第二阶段结束后，第一阶段被重新激活。整个过程是循环往复的。其中，第二阶段使用的分类器即为 SOINN 分类器。为了使 SOINN 能够更好地适应僵尸网络检测任务，该工作对 SOINN 的参数进行了调整。实验证明，基于 SOINN 分类器的该检测系统在真实数据上是有效的。

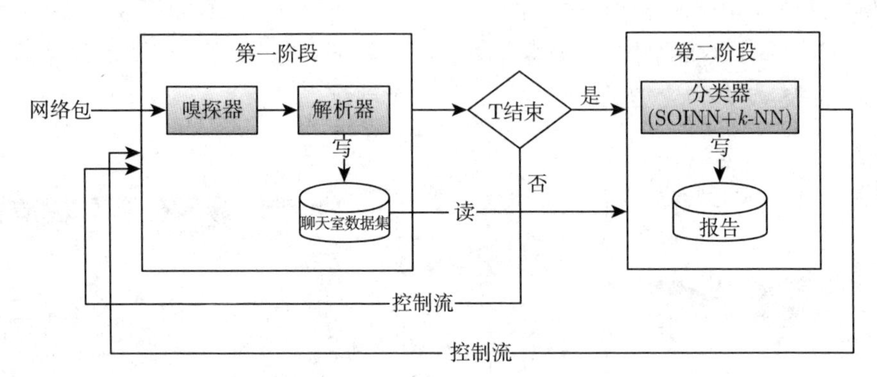

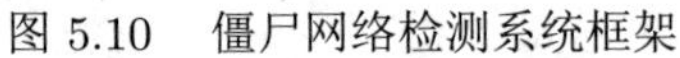

图 5.10　僵尸网络检测系统框架

2. 冗余惯性测量单元异常检测

尽管在过去的几十年中，已经有许多惯性传感器的故障诊断算法被提出。但是当遇到微小故障时，这些算法在表现上往往不能满足要求。Xiaoqiang Hu 等人 [72] 提出了一种基于数据驱动的算法 SaPD，用于冗余惯性测量单元（RIMU）的异常检测和输出重构。SaPD 通过将人工神经网络与奇偶空间中的 Q 贡献图方法相结合来实现惯性设备的故障识别。为了提高故障检测部分的性能，特别是对小故障，他们使用了一种新的超平面，该超平面测量输入和从 SOINN 中获得的主要神经元集合之间的距离。算法还利用主成分分析（PCA）方法分析历史数据，在故障隔离部分使用传感器的 Q 贡献图。

算法的流程如图 5.11所示。其中，SOINN 用来获取主要神经元集合 C' 和失败检测阈值 r_{s}。历史数据 M_{T} 通过解耦矩阵 $\boldsymbol{V}$ 转换为奇偶向量集 R_{T}。历史数据的拓扑结构 $\{C, N\}$ 由 SOINN 算法训练，用于表示正常系统。为了降低故障检测算法的计算复杂度，算法从神经元集合 C 中选择一些满足下式的节点，并将它们用作主神经元集合 C'：

$$n_{c_i} > \mathrm{rate}_n \cdot E\left(n_c\right) \tag{5.47}$$

其中，$E\left(n_c\right)$ 是平均连接数，rate_n 是缩放参数。以每个初级神经元为中心，以固定的 r_{s} 为半径，可以获得一系列分离的超平面。超平面的内圈是正常数据区域，而圈外的区域是不可靠的。r_{s} 可以由下式求得：

$$r_{\mathrm{s}} = \mathrm{rate}_r \cdot r_{\mathrm{b}} \tag{5.48}$$

$$r_{\mathrm{b}} = \max_{c_i \in C'} \|\boldsymbol{W}_{c_i} - \boldsymbol{b}\|_2 \tag{5.49}$$

其中，r_{b} 是主神经元集合的最大半径，rate_r 是缩放因子，$\boldsymbol{b}$ 是通过 k-means 算法获得的集合 C' 的重心。与固定且在所有方向上具有相同阈值的统计分类表面相比，这种故障检测表面更符合系统在正常工作条件下的特征。因此，这种算法可以在故障检测上有更好的表现。

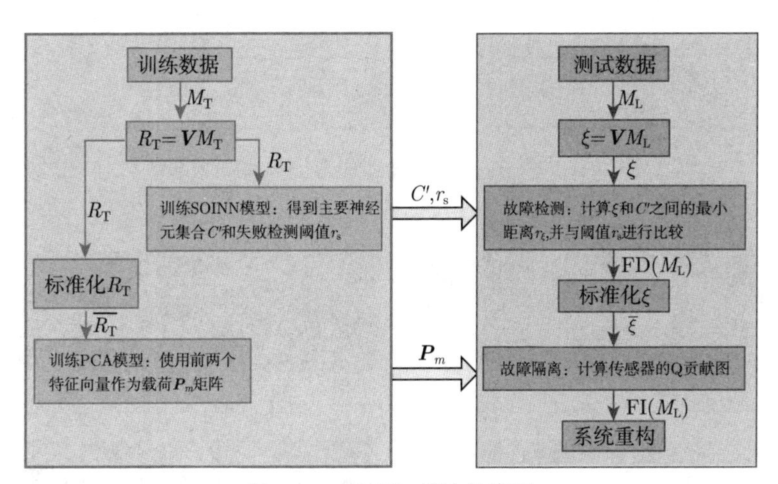

图 5.11　SaPD 算法的流程

3. 恶意软件检测

恶意软件的威胁始终伴随着现代计算机系统的发展。随着机器学习的发展，基于学习的方法也在恶意软件检测任务上得到了许多应用。而一个在线增量式的且能应用于任意通用二进制文件的恶意软件检测方法则有着非常广阔的应用前景。显然 SOINN 能够便捷地满足这方面的要求，并且有较强的抗噪声能力。Baptista 等人 [73] 提出了一种使用 SOINN 对二进制文件进行恶意负载检测的系统，其结构如图 5.12所示。

在这个系统中，训练过程采用非监督的方式进行：首先将良性与恶意文件混合起来进行预处理，使用二进制可视化的方法将二进制文件转化为图片，然后使用感兴趣区域的方法提取出图片中的重要特征，最后将这些特征向量输入 SOINN 进行聚类。在训练阶段的数据预处理过程中，要先使用一种基于 ASCII 编码表的二进制可视化的方法将文件转化为二维 RGB 图像以进行可视化表示。其中，红色通道表示拓展字符，绿色通道表示控制字符，而蓝色通道表示可打印字符。特别地，0×00 即黑色表示空字符，而 0×FF 即白色表示空白字符。该方法的效果如图 5.13所示。

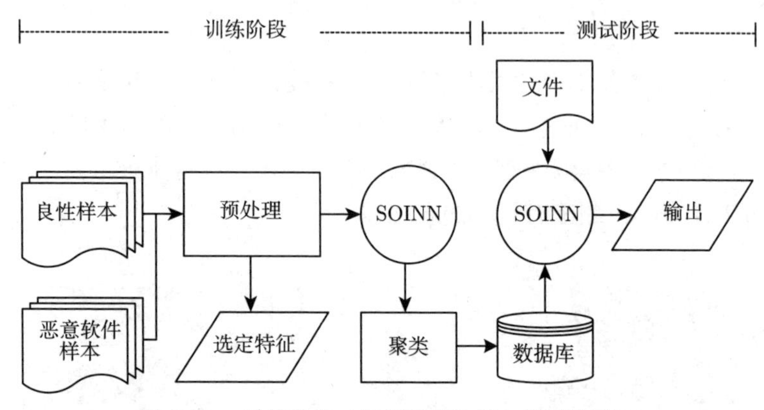

图 5.12　系统结构（包括训练阶段与测试阶段）

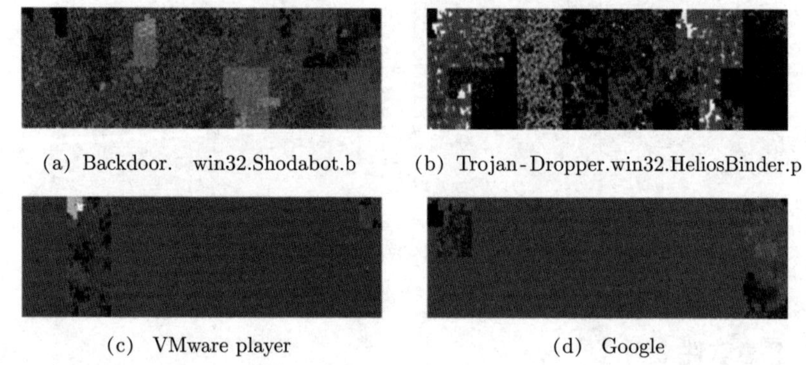

(a) Backdoor.　win32.Shodabot.b　　(b) Trojan-Dropper.win32.HeliosBinder.p

(c) VMware player　　(d) Google

图 5.13　恶意文件（a）、（b）与良性文件（c）、（d）的可视化表示

在获得文件的可视化表示后，需要将图片进一步转化为合适维度的特征向量。图片被分为上、下、上中和下中四个区域，在四个区域分别对 RGB 颜色空间使用颜色直方图的特征提取方法。由此便获得了总计维数为 1024 的特征向量。

图片中所提取的特征向量被输入 SOINN 进行聚类，距离度量则使用基本的欧氏距离。在训练完成后，先去除孤立点以去除噪声，再将输出的代表点与存储的原始特征向量进行比对，确定其类别。在测试阶段，只需要寻找距离测试样本提取出的特征向量最近的代表点，查询其类别便可完成分类任务。

5.5.2　交互式标注

网络异常检测对当今的互联网安全十分重要。但是传统的自动检测方案通常欠缺标注数据，用新数据重新训练代价很高，而且解释性差。Xin Fan 等人 [74] 提出了一种标注方法，把主动学习和视觉交互结合在一起，通过用户交互式标注来检测网络异常。SOINN 没有固定的网络结构和固定的学习率，因此表现更为稳定，也适用于从大规模数据中发现其中的模式，因此，上述方法使用 SOINN 进行网络行为模式学习。

此方法可分为特征选择、网络行为模式识别、模式分类和交互式视觉接口四个模块。特征选择模块将 NetFlow 数据中的特征进行提取和压缩。压缩后的特征将被输入 SOINN，进行网络行为模式的学习。SOINN 的增量学习特性使得这个模块能很好地对新数据样本进行学习，降低了重新训练模型的成本，也能很好地对历史数据进行利用。模式分类模块使用基于模糊 C 均值聚类的算法对已有标注样本进行分类，重新计算样本的影响度。这些结果将通过交互式视觉接口进行展示，用户可以据此判断一个模式是否正常。SOINN 的拓扑学习结果也会通过视觉交互接口进行展示，使用户对整个输入数据的拓扑网络结构有更直观的了解，提高了整个流程的可解释性。

5.5.3 在权值调节方面的扩展

模型动态更新困难、运算和存储的开销比较大是基于批量学习的恶意软件检测方法普遍存在的问题。而 SOINN 作为一种增量学习算法，能够有效地缓解这些问题。张斌等人 [75] 提出了一种基于改进 SOINN 算法的恶意软件增量检测算法，该算法在 SOINN 的基础上提出了 WM-SOINN（SOINN with Weight Modification），使算法在样本输入顺序不同情况下的稳定性得到了提高。

WM-SOINN 算法使用了全排列思想。在 SOINN 竞争学习周期内，该算法会记录并计算所有权值调节量的平均值，并用该值作为神经元最终的调节量。这种方法降低了个别样本输入次序对最终训练结果的影响，提高了神经网络的稳定性，使其更能反映原始输入数据的本质特征，为后续恶意软件的检测提供了基础。

此系统首先利用监控到的 API 调用情况构建软件的行为特征向量。然后对数据进行降维和标准化，得到软件的特征。得到恶意软件和正常软件的样本后，WM-SOINN 会分别对这两类样本进行学习，获得正常和异常样本的代表神经元。最后利用学到的神经元训练有监督分类器并进行检测。整个过程是增量更新的，有监督分类器的检测结果会被再次输入 WM-SOINN 进行学习，其利用新学到的神经元再次训练有监督分类器。整个系统能够处理增量的环境，检测精度也在更新过程中得到了提高。

5.6 本章小结

本章介绍了 SOINN 的主要应用方向，并列举了部分应用案例。作为一个在线非监督学习框架，SOINN 不仅能应用于聚类任务，而且在计算机视觉、时间序列预测、数据处理和异常检测等不同应用方向上均能用于多种复杂任务，取得良好的效果。

有赖于其非监督的学习能力，SOINN 可以在复杂的实际应用中得到更便捷的使用，而不必受困于数据标注的困难；而且，其所具有的良好的拓展性，如在距离度量和权值调节等方面进行的拓展，又使 SOINN 能更好地适应不同应用任务的需求。

目前为止，SOINN 的应用潜力还远未被开发完全，本章所提及的应用案例也仅是部分具有代表性的工作。SOINN 的更多应用场景与使用方式还有待研究者进行深入的探索与开发。

附录A

SOINN软件包及相关算法实现

1. SOINN 聚类 Python 包使用

刘凤山等人[76] 使用 Python 语言实现了 SOINN 的聚类软件包，通过 pip 命令安装并使用 Python 调用即可实现聚类任务，并且在速度上有明显的优势。

（1）安装和编译

```
pip install soinn
python -m build
```

（2）API 的参数说明

```
learn(data: object = None, dead_age: int = 100,
lambda: int = 100, noise: float = 0.5,
num_layer: int = 1) -> object
```

其中，

input ：形状为 (n, dim) 的 numpy 数组。

dead_age ：学习过程中边缘最大迭代次数，默认是 100。

lamda ：去除噪声前的迭代次数，默认是 100。

noise ：输入数据中噪声的概率，默认是 0.5。

num_layer ：SOINN 网络层数，默认是 1。

return ：返回一个 numpy 数组，包含所有已学习的质心，形状是 (n1, dim)，其中 n1 表示质心的数量。

(3) SOINN 聚类的例子

```
from scipy.io import loadmat
import matplotlib.pyplot as plt
import soinn

data = loadmat("train.mat")['train']
print('Load data with shape', data.shape)

ax=plt.subplot(121)
ax.set_title('origin data')
plt.plot(data[:,0], data[:,1], '.')

clus = soinn.learn(data)
print('soinn learned clusters with shape', clus.shape)
ax=plt.subplot(122)
ax.set_title('learned cendroids')
plt.plot(clus[:,0], clus[:,1], '.')

plt.show()
```

可得到的聚类结果如图 A.1 所示。

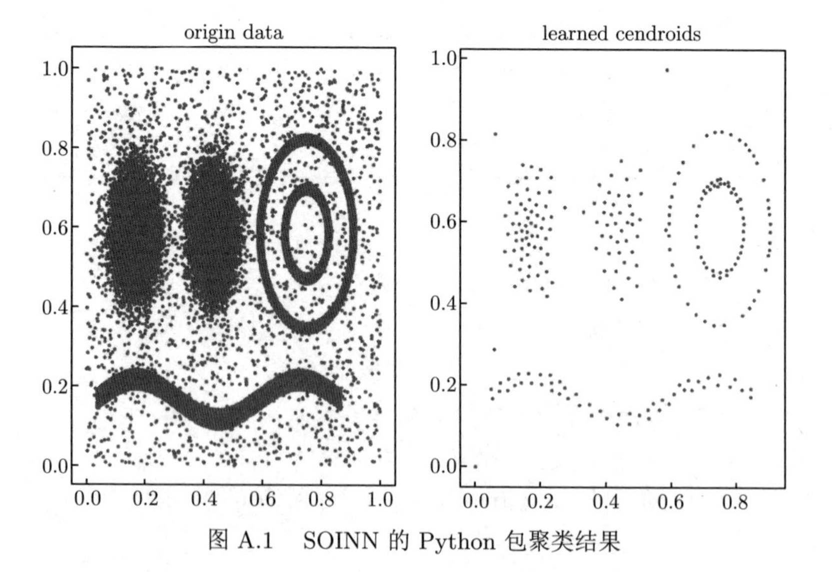

图 A.1　SOINN 的 Python 包聚类结果

2. SOINN 的 MATLAB 实现

输入：

data：包含训练数据的矩阵，mat 格式。

agemax：节点连接的最大存在时间。

lambda：去噪周期。

c：去噪过程中，决定邻居数量为 1 的节点是否被删除。

输出：

node：网络的节点矩阵。

connection：网络的连接矩阵。

```
1
2   function [node,connection] = fastSOINN(data,agemax,lambda,c)
3   %初始化两个神经元
4   node=[data(1,:);data(2,:)];
5   M=[1,1];
6   tem=norm(data(1,:)-data(2,:));
7   threshold=[tem,tem];
8   connection=[0,0;0,0];
9   age=[0,0;0,0];
10  for i=3:size(data,1)
11      %寻找获胜节点
12      dis=sqrt(sum((repmat(data(i,:),size(node,1),1)-node).^2'));
13      [value(1) index(1)]=min(dis);
14      dis(index(1))=1000000;
15      [value(2) index(2)]=min(dis);
16      %边和连接更新
17      if value(1)>threshold(index(1))||value(2)>threshold(index(2))
18          node=[node;data(i,:)];
19          threshold=[threshold,1000000];
20          M=[M,1];
21          s=size(node,1);
22          connection(:,s)=0;
23          connection(s,:)=0;
24          age(:,s)=0;
25          age(s,:)=0;
26      else
27          if connection(index(1),index(2))==0
28              connection(index(1),index(2))=1;
29              connection(index(2),index(1))=1;
```

```
30            age(index(1),index(2))=1;
31            age(index(2),index(1))=1;
32        else
33            age(index(1),index(2))=1;
34            age(index(2),index(1))=1;
35        end
36        [row,col]=find(connection(index(1),:)~=0);
37        age(index(1),col)=age(index(1),col)+1;
38        age(col,index(1))=age(col,index(1))+1;
39        locate=find(age(index(1),:)>agemax);
40        connection(index(1),locate)=0;
41        connection(locate,index(1))=0;
42        age(index(1),locate)=0;
43        age(locate,index(1))=0;
44        M(index(1))=M(index(1))+1;
45        node(index(1),:)=node(index(1),:)+(1/M(index(1)))*(data(i,:)-
          node(index(1),:));
46    end
47    % 阈值更新
48    if nnz(connection(index(1),:))==0
49        threshold(index(1))=norm(node(index(1),:)-node(index (2),:));
50    else
51        v=find(connection(index(1),:)~=0);
52        distance=  repmat(node(index(1),:),size(v,2),1)- node(v,:);
53        threshold(index(1))=max(sqrt(sum(distance.^2')));
54
55    end
56    if nnz(connection(index(2),:))==0
57        threshold(index(2))=norm(node(index(1),:)-node(index(2),:));
58    else
59        v=find(connection(index(2),:)~=0);
60        distance=  repmat(node(index(2),:),size(v,2),1)- node(v,:);
61        threshold(index(2))=max(sqrt(sum(distance.^2')));
62    end
63    % 去噪
64    if mod(i,lambda)==0
65        meanM=sum(M)/size(M,2);
66        neighbor=sum(connection);setu=union(intersect(find(M<c*meanM),
          find(neighbor==1)),intersect(find(M<meanM),find(neighbor==0)));
67        node(setu,:)=[];
```

```
68            threshold(setu)=[];
69            M(setu)=[];
70            connection(setu,:)=[];
71            connection(:,setu)=[];
72            age(setu,:)=[];
73            age(:,setu)=[];
74        end
75    end
76    end
```

3. LD-SOINN 的 MATLAB 实现

输入：

train：包含训练数据的矩阵，mat 格式。

h：节点初始化时，其局部协方差矩阵的对角线元素初始值。

lambda：去噪周期。

cfornoise：去噪过程中，根据局部密度决定节点是否被删除时的系数。

输出：

node：网络的节点结构数组。

connection：网络的连接矩阵。

label：网络中节点的标签。

```
1    function [node, connection, label] = LDSOINN(train, h, lambda,
             cfornoise)
2    d=size(train,2);
3    Hfactor=4.61^0.5;
4    inin= 1;
5    node(1).position=train(1,:);
6    node(1).n=inin;
7    node(1).CovarianceMatrix=h*eye(d);
8    node(1).H=(1+1.05^(1-node(1).n))*Hfactor;
9    [U,S,V]=svd(node(1).CovarianceMatrix);
10   node(1).U=U;
11   node(1).S=S;
12   node(1).V=V;
13   connection=0;
14   for round=2:size(train,1)
15       % 寻找获胜节点
16       round
```

```
17      addnodeflag=0;
18      pattern=train(round,:);
19      distance=[];
20      SetS=[];
21      for i=1:size(node,2)
22          distance(i)=0;
23          U=node(i).U;
24          S=node(i).S;
25          V=node(i).V;
26          % 求马氏距离
27          sum=0;
28          for j=1:size(S,1)
29              sum=sum+S(j,j);
30          end
31          for k=1:size(S,1)
32              distance(i)=distance(i)+(1/S(k,k))*(U(k,:)*((pattern -
            node(i).position)'))^2;
33              observe(i,k)=(1/S(k,k))*(U(k,:)*((pattern -node(i).
            position)'))^2;
34          end
35      end
36      distance=distance.^0.5;
37      index=[];
38      [distance,index]=sort(distance);
39      % 将满足一定条件的获胜节点记录下来
40      for i=1:size(distance,2)
41          if distance(i)<node(index(i)).H
42              SetS(size(SetS,2)+1)=index(i);
43          end
44      end
45      % 建立新节点
46      if size(SetS,2)==0
47          count=size(node,2)+1;
48          node(count).position=pattern;
49          node(count).n=inin;
50          node(count).CovarianceMatrix=h*eye(d);
51          node(count).H=(1+2*1.05^(1-node(count).n))*Hfactor;
52          connection(:,count)=0;
53          connection(count,:)=0;
54          [U,S,V]=svd(node(count).CovarianceMatrix);
```

```
55          node(count).U=U;
56          node(count).S=S;
57          node(count).V=V;
58          addnodeflag=1;
59      end
60      if addnodeflag==0
61          % 不用建立新节点，更新获胜节点
62          if size(SetS,2)~=0
63              node(SetS(1)).n=node(SetS(1)).n+1;
64              factor2=(node(SetS(1)).n-1)*(pattern-node(SetS(1)) .
        position)'*(pattern-node(SetS(1)).position);
65              factor3=node(SetS(1)).n*node(SetS(1)). CovarianceMatrix;
66              factor4=(factor2-factor3)/(node(SetS(1)).n)^2;
67              node(SetS(1)).CovarianceMatrix=node(SetS(1)).
        CovarianceMatrix+factor4;
68              node(SetS(1)).position=node(SetS(1)).position + (pattern-
        node(SetS(1)).position)/node(SetS(1)).n;
69              node(SetS(1)).H=(1+2*1.05^(1-node(SetS(1)).n))* Hfactor;
70              [U,S,V]=svd(node(SetS(1)).CovarianceMatrix);
71              node(SetS(1)).U=U;
72              node(SetS(1)).S=S;
73              node(SetS(1)).V=V;
74          end
75          % 更新连接
76          for i=1:size(SetS,2)
77              for j=i+1:size(SetS,2)
78                  connection(SetS(i),SetS(j))=1;
79                  connection(SetS(j),SetS(i))=1;
80              end
81          end
82          place=1;
83          while size(connection,2)-place>=0
84              if connection(SetS(1),place)~=0
85                  %判断合并的条件
86                  factor=1;
87                  for j=0:fix(d/2)-1
88                      factor=factor*(1/(d-2*j));
89                  end
90                  Mwinner=1;
91                  Mneighbor=1;
```

```
92          Mnew=1;
93          for j=1:d
94            Mwinner=Mwinner*node(SetS(1)).S(j,j)^0.5;
95            Mneighbor=Mneighbor*node(place).S(j,j)^0.5;
96          end
97          volumewinner=2^fix((d+1)/2)*pi^fix(d/2)*factor *
    Mwinner* node(SetS(1)).H^(d/2);
98          volumeneihneighbor=2^fix((d+1)/2)*pi^fix(d/2)* factor*
     Mneighbor * node(place).H^(d/2);
99          nnew=node(SetS(1)).n+node(place).n;
100         cnew=(node(SetS(1)).n*node(SetS(1)).position + node(
    place).n*node(place).position )/nnew;
101         factor5=node(SetS(1)).CovarianceMatrix+(cnew- node(
    SetS(1)).position)'*(cnew-node(SetS(1)).position);
102         factor6=node(place).CovarianceMatrix+(cnew- node(place
    ).position)'*(cnew-node(place).position);
103         factor7=node(SetS(1)).n/nnew;
104         factor8=node(place).n/nnew;
105         CovarianceMatrixMnew=factor7*factor5+factor8* factor6;
106         Hnew=(1+2*1.05^(1-nnew))*Hfactor;
107         [Unew,Snew,Vnew]=svd(CovarianceMatrixMnew);
108         for j=1:d
109             Mnew=Mnew*Snew(j,j)^0.5;
110         end
111         volumemerge=2^fix((d+1)/2)*pi^fix(d/2)*factor* Mnew *
    Hnew^(d/2);
112         %合并
113         if volumemerge<(volumewinner+ volumeneihneighbor)
114             node(SetS(1)).position=cnew;
115             node(SetS(1)).n=nnew;
116             node(SetS(1)).CovarianceMatrix=
    CovarianceMatrixMnew;
117             node(SetS(1)).H=Hnew;
118             node(SetS(1)).U=Unew;
119             node(SetS(1)).S=Snew;
120             node(SetS(1)).V=Vnew;
121             for j=1:size(connection,2)
122                 if connection(place,j)==1&&SetS(1)~=j
123                     connection(SetS(1),j)=1;
124                     connection(j,SetS(1))=1;
```

```
125                    end
126                end
127                node(place)=[];
128                connection(place,:)=[];
129                connection(:,place)=[];
130                %修改索引数组
131                [Find,Ind]=find(SetS==place);
132                SetS(Ind)=[];
133                for j=1:size(SetS,2)
134                    if SetS(j)>place
135                        SetS(j)=SetS(j)-1;
136                    end
137                end
138            else
139                place=place+1;
140            end
141        else
142            place=place+1;
143        end
144    end
145 end
146 %去噪过程
147 if mod(round,lambda)==0 || round == size(train, 1)
148     counter=1;
149     sum=0;
150     for i=1:size(node,2)
151         density(i)=node(i).n;
152         sum=sum+density(i);
153     end
154     meandensity=sum/size(node,2);
155     place=1;
156     while size(connection,2)-place>=0
157         if density(place)<cfornoise*meandensity
158             node(place)=[];
159             connection(place,:)=[];
160             connection(:,place)=[];
161             density(place)=[];
162         else
163             place=place+1;
164         end
```

```
165            end
166        end
167    end
168    %利用图的广度优先搜索算法，生成局部连通分量，即图中节点的类标
169    label = bfs(connection);
170    end
```

参考文献

[1] MARTINETZ T. Competitive hebbian learning rule forms perfectly topology preserving maps[C/OL].ICANN '93. London: Springer, 1993: 427-434.

[2] MARTINETZ T, SCHULTEN K. Topology representing networks[J/OL]. Neural Networks, 1994, 7(3): 507-522.

[3] MCCULLOCH W S, PITTS W. A logical calculus of the ideas immanent in nervous activity[J/OL]. The Bulletin of Mathematical Biophysics, 1943, 5(4): 115-133.

[4] HEBB D O. The Organization of Behavior: A neuropsychological theory[M]. New York: Wiley, 1949.

[5] ROSENBLATT F. The perceptron: A probabilistic model for information storage and organization in the brain[J/OL]. Psychological Review, 1958, 65(6): 386-408.

[6] MINSKY M, PAPERT S A. Perceptrons: An introduction to computational geometry[M]. Cambridge/Mass.: The MIT Press, 1969.

[7] KOHONEN T. Correlation Matrix Memories[J/OL]. IEEE Transactions on Computers, 1972, C-21(4): 353-359.

[8] GROSSBERG S. Adaptive pattern classification and universal recoding: I. Parallel development and coding of neural feature detectors[J/OL]. Biological Cybernetics, 1976, 23(3): 121-134.

[9] HOPFIELD J J. Neural networks and physical systems with emergent collective computational abilities[J/OL]. Proceedings of the National Academy of Sciences, 1982, 79(8): 2554-2558.

[10] FURAO S, HASEGAWA O. An incremental network for on-line unsupervised classification and topology learning[J/OL]. Neural Networks, 2006, 19(1): 90-106.

[11] KOHONEN T. Self-organized formation of topologically correct feature maps [J/OL]. Biological Cybernetics, 1982, 43(1): 59-69.

[12] ALAHAKOON D, HALGAMUGE S, SRINIVASAN B. Dynamic self-organizing maps with controlled growth for knowledge discovery[J/OL]. IEEE Transactions on Neural Networks, 2000, 11(3): 601-614.

[13] FRITZKE B. Growing cell structures: A self-organizing network for unsupervised and supervised learning[J/OL]. Neural Networks, 1994, 7(9): 1441-1460.

[14] CHOI D I, PARK S H. Self-creating and organizing neural networks.[J/OL]. IEEE Transactions on Neural Networks, 1994, 5(4): 561-575.

[15] BEBIS G, GEORGIOPOULOS M, LOBO N. Using self-organizing maps to learn geometric hash functions for model-based object recognition[J/OL]. IEEE Transactions on Neural Networks, 1998, 9(3): 560-570.

[16] DeSieno. Adding a conscience to competitive learning[C/OL].IEEE International Conference on Neural Networks. San Diego, CA, USA: IEEE, 1988: 117-124 vol.1.

[17] Shah-Hosseini H, SAFABAKHSH R. TASOM: A new time adaptive self-organizing map[J/OL]. IEEE Transactions on Systems, Man, and Cybernetics, 2003, 33(2): 271-282.

[18] Shah-Hosseini H. Binary tree time adaptive self-organizing map[J/OL]. Neurocomputing, 2011, 74(11): 1823-1839.

[19] GORBAN A N, ZINOVYEV A. Principal Manifolds and Graphs in Practice: From Molecular Biology to Dynamical Systems[J/OL]. International Journal of Neural Systems, 2010, 20(03): 219-232.

[20] LIOU C Y, KUO Y T. Conformal self-organizing map for a genus-zero manifold [J/OL]. The Visual Computer, 2005, 21(5): 340-353.

[21] LIOU C Y, TAI W P. Conformality in the self-organization network[J/OL]. Artificial Intelligence, 2000, 116(1-2): 265-286.

[22] HUA H. Image and geometry processing with Oriented and Scalable Map[J/OL]. Neural Networks, 2016, 77: 1-6.

[23] CARPENTER G A, GROSSBERG S. A massively parallel architecture for a self-organizing neural pattern recognition machine[J/OL]. Computer Vision, Graphics, and Image Processing, 1987, 37(1): 54-115.

[24] CARPENTER G A, GROSSBERG S. ART 2: Self-organization of stable category recognition codes for analog input patterns[J/OL]. Applied Optics, 1987, 26(23): 4919.

[25] CARPENTER G A, GROSSBERG S. ART 3: Hierarchical search using chemical transmitters in self-organizing pattern recognition architectures[J/OL]. Neural Networks, 1990, 3(2): 129-152.

[26] CARPENTER G A, GROSSBERG S, REYNOLDS J H. ARTMAP: Supervised real-time learning and classification of nonstationary data by a self-organizing neural network[J/OL]. Neural Networks, 1991, 4(5): 565-588.

[27] CARPENTER G A, GROSSBERG S, ROSEN D B. Fuzzy ART: Fast stable learning and categorization of analog patterns by an adaptive resonance system [J/OL]. Neural Networks, 1991, 4(6): 759-771.

[28] CARPENTER G, GROSSBERG S, MARKUZON N, et al. Fuzzy ARTMAP: A neural network architecture for incremental supervised learning of analog multi-dimensional maps[J/OL]. IEEE Transactions on Neural Networks, Sept., 3(5): 698-713.

[29] Vakil-Baghmisheh M T, PAVEŠIĆ N. A fast simplified fuzzy ARTMAP network [J/OL]. Neural Processing Letters, 2003, 17(3): 273-316.

[30] WILLIAMSON J R. Gaussian ARTMAP: A neural network for fast incremental learning of noisy multidimensional maps[J/OL]. Neural Networks, 1996, 9(5): 881-897.

[31] ANAGNOSTOPOULOS G, GEORGIOPULOS M. Hypersphere ART and ARTMAP for unsupervised and supervised, incremental learning[C/OL]. Proceedings of the IEEE-INNS-ENNS International Joint Conference on Neural Networks. IJCNN 2000. Neural Computing: New Challenges and Perspectives for the New Millennium. Como, Italy: IEEE, 2000: 59-64 vol.6.

[32] HUTCHISON D, KANADE T, KITTLER J, et al. TopoART: A Topology learning hierarchical ART network[C/OL].Lecture Notes in Computer Science: volume 6354 Artificial Neural Networks – ICANN 2010. Berlin: Springer, 2010: 157-167.

[33] MARTINETZ T, SCHULTEN K. A "neural-gas" network learns topologies[J]. Artificial Neural Networks, 1991: 397-402.

[34] FRITZKE B. A growing neural gas network learns topologies[C].Advances in Neural Information Processing Systems: volume 7. Cambridge: MIT Press, 1994: 625-632.

[35] RIDELLA S, ROVETTA S, ZUNINO R. Plastic algorithm for adaptive vector quantisation[J/OL]. Neural Computing & Applications, 1998, 7(1): 37-51.

[36] MARSLAND S, SHAPIRO J, NEHMZOW U. A self-organising network that grows when required[J/OL]. Neural Networks, 2002, 15(8-9): 1041-1058.

[37] PRUDENT Y, ENNAJI A. An incremental growing neural gas learns topologies [C/OL].Proceedings. 2005 IEEE International Joint Conference on Neural Networks, 2005.: volume 2. Montreal, Que., Canada: IEEE, 2005: 1211-1216.

[38] BOWMAN C R, IWASHITA T, ZEITHAMOVA D. Tracking prototype and exemplar representations in the brain across learning[J]. Elife, 2020, 9.

[39] 邱天宇, 申富饶, 赵金熙. 自组织增量学习神经网络综述[J]. 软件学报, 2016(9): 2230-2247.

[40] KNUTH D E, et al. The art of computer programming: volume 3[M]. Boston: Addison-Wesley, 1973.

[41] FURAO S, OGURA T, HASEGAWA O. An enhanced self-organizing incremental neural network for online unsupervised learning[J]. Neural Networks, 2007, 20(8): 893-903.

[42] ZHANG H, XIAO X, HASEGAWA O. A load-balancing self-organizing incremental neural network[J]. IEEE Transactions on Neural Networks and Learning Systems, 2013, 25(6): 1096-1105.

[43] XING Y, SHI X, SHEN F, et al. A self-organizing incremental neural network based on local distribution learning[J]. Neural Networks, 2016, 84: 143-160.

[44] SHEN F, HASEGAWA O. A fast nearest neighbor classifier based on self-organizing incremental neural network[J]. Neural networks, 2008, 21(10): 1537-1547.

[45] AKSOY S, HARALICK R M. Feature normalization and likelihood-based similarity measures for image retrieval[J]. Pattern Recognition Letters, 2001, 22(5): 563-582.

[46] ESTER M, KRIEGEL H P, XU X. A density-based algorithm for discovering clusters a density-based algorithm for discovering clusters in large spatial databases with noise[C].International Conference Knowledge Discovery and Data Mining, 1996: 226-231.

[47] GHESMOUNE M, LEBBAH M, AZZAG H. A new growing neural gas for clustering data streams[J]. Neural Networks the Official Journal of the International Neural Network Society, 2016, 78(3-4): 36-50.

[48] CHEN C, MU D, ZHANG H, et al. Towards a moderate-granularity incremental clustering algorithm for GPU[C/OL].2013 International Conference on Cyber-Enabled Distributed Computing and Knowledge Discovery, CyberC 2013, Beijing, China, October 10-12, 2013. IEEE Computer Society, 2013: 194-201.

[49] NOORBEHBAHANI F, MOUSAVI S R, MIRZAEI A. An incremental mixed data clustering method using a new distance measure[J/OL]. Soft Comput., 2015, 19 (3): 731-743.

[50] XU B, SHEN F, ZHAO J. Density based self organizing incremental neural network for data stream clustering[C/OL].2016 International Joint Conference on Neural Networks, IJCNN 2016, Vancouver, BC, Canada, July 24-29, 2016. IEEE, 2016: 2654-2661.

[51] KIM W, HASEGAWA O. Improved kernel density estimation self-organizing incremental neural network to perform big data analysis[C/OL].CHENG L, LEUNG A C, OZAWA S. Lecture Notes in Computer Science: volume 11302 Neural Information Processing - 25th International Conference, ICONIP 2018, Siem Reap, Cambodia, December 13-16, 2018, Proceedings, Part II. Springer, 2018: 3-13.

[52] OKADA S, NISHIDA T. Online incremental clustering with distance metric learning for high dimensional data[C/OL].The 2011 International Joint Conference on Neural Networks, IJCNN 2011, San Jose, California, USA, July 31 - August 5, 2011. IEEE, 2011: 2047-2054.

[53] SAKKARI M, HAMDI M, ELMANNAI H, et al. Feature extraction-based deep self-organizing map[J/OL]. Circuits Syst. Signal Process., 2022, 41(5): 2802-2824.

[54] TOYODA T, TAGAMI K, HASEGAWA O. Integration of top-down and bottom-up information for image labeling[C/OL].2006 IEEE Computer Society Conference on Computer Vision and Pattern Recognition (CVPR 2006), 17-22 June 2006, New York, NY, USA. IEEE Computer Society, 2006: 1106-1113.

[55] OJALA T, PIETIKÄINEN M, MÄENPÄÄ T. Multiresolution gray-scale and rotation invariant texture classification with local binary patterns[J/OL]. IEEE Trans. Pattern Anal. Mach. Intell., 2002, 24(7): 971-987.

[56] FEI-FEI L, FERGUS R, PERONA P. One-shot learning of object categories [J/OL]. IEEE Trans. Pattern Anal. Mach. Intell., 2006, 28(4): 594-611.

[57] LAMPERT C H, NICKISCH H, HARMELING S. Learning to detect unseen object classes by between-class attribute transfer[C/OL].2009 IEEE Computer Society Conference on Computer Vision and Pattern Recognition (CVPR 2009), 20-25 June 2009, Miami, Florida, USA. IEEE Computer Society, 2009: 951-958.

[58] KAWEWONG A, HASEGAWA O. Fast and incremental attribute transferring and classifying system for detecting unseen object classes[C/OL].DIAMANTARAS K I, DUCH W, ILIADIS L S. Lecture Notes in Computer Science: volume 6354 Artificial Neural Networks - ICANN 2010 - 20th International Conference, Thessaloniki, Greece, September 15-18, 2010, Proceedings, Part III. Springer, 2010: 563-568.

[59] KAWEWONG A, TANGRUAMSUB S, KANKUEKUL P, et al. Fast online incremental transfer learning for unseen object classification using self-organizing incremental neural networks[C/OL].The 2011 International Joint Conference on Neural Networks, IJCNN 2011, San Jose, California, USA, July 31 - August 5, 2011. IEEE, 2011: 749-756.

[60] KANKUEKUL P, KAWEWONG A, TANGRUAMSUB S, et al. Online incremental attribute-based zero-shot learning[C/OL].2012 IEEE Conference on Computer Vision and Pattern Recognition, Providence, RI, USA, June 16-21, 2012. IEEE Computer Society, 2012: 3657-3664.

[61] KAWEWONG A, PIMUP R, HASEGAWA O. Incremental learning framework for indoor scene recognition[C/OL].DESJARDINS M, LITTMAN M L. Proceedings of the Twenty-Seventh AAAI Conference on Artificial Intelligence, July 14-18, 2013, Bellevue, Washington, USA. AAAI Press, 2013.

[62] SUN Y, LIU H, SUN Q. Online learning on incremental distance metric for person re-identification[C/OL].2014 IEEE International Conference on Robotics and Biomimetics, ROBIO 2014, Bali, Indonesia, December 5-10, 2014. IEEE, 2014: 1421-1426.

[63] KIM W, HASEGAWA O. Time series prediction of tropical storm trajectory using self-organizing incremental neural networks and error evaluation[J/OL]. Journal of Advanced Computational Intelligence and Intelligent Informatics, 2018, 22(4): 465-474.

[64] KIM W, HASEGAWA O. Simultaneous forecasting of meteorological data based on a self-organizing incremental neural network[J/OL]. Journal of Advanced Computational Intelligence and Intelligent Informatics, 2018, 22(6): 900-906.

[65] YE L, KEOGH E J. Time series shapelets: a new primitive for data mining [C/OL].IV J F E, FOGELMAN-SOULIÉ F, FLACH P A, et al. Proceedings of the 15th ACM SIGKDD International Conference on Knowledge Discovery and Data Mining, Paris, France, June 28 - July 1, 2009. ACM, 2009: 947-956.

[66] YANG Y, DENG Q, SHEN F, et al. A shapelet learning method for time series classification[C/OL].28th IEEE International Conference on Tools with Artificial Intelligence, ICTAI 2016, San Jose, CA, USA, November 6-8, 2016. IEEE Computer Society, 2016: 423-430.

[67] 时晓峰, 申富饶, 贺红卫. 基于自组织增量学习神经网络的信息融合技术[J]. 兵工自动化, 2015, 34(5): 59-65.

[68] 袁飞云. 基于自组织增量神经网络的码书产生方法在图像分类中的应用[J]. 计算机应用, 2013, 33(7): 1976-1979.

[69] YU H, LU J, XU J, et al. A hybrid incremental regression neural network for uncertain data streams[C/OL].International Joint Conference on Neural Networks, IJCNN 2019 Budapest, Hungary, July 14-19, 2019. IEEE, 2019: 1-8.

[70] RANVIER J, CATASTA M, VASIRANI M, et al. Routinesense: A mobile sensing framework for the reconstruction of user routines[J/OL]. EAI Endorsed Trans. Ambient Syst., 2015, 2(5): e5.

[71] CARPINE F, MAZZARIELLO C, SANSONE C. Online IRC botnet detection using a SOINN classifier[C/OL].IEEE International Conference on Communications, ICC 2013, Budapest, Hungary, June 9-13, 2013, Workshops Proceedings. IEEE, 2013: 1351-1356.

[72] HU X, ZHANG X, PENG X, et al. A novel algorithm for the fault diagnosis of a redundant inertial measurement unit[J/OL]. IEEE Access, 2020, 8: 46081-46091.

[73] BAPTISTA I, SHIAELES S, KOLOKOTRONIS N. A novel malware detection system based on machine learning and binary visualization[C/OL].17th IEEE Inter-

national Conference on Communications Workshops, ICC Workshops 2019, Shanghai, China, May 20-24, 2019. IEEE, 2019: 1-6.

[74] FAN X, LI C, YUAN X, et al. An interactive visual analytics approach for network anomaly detection through smart labeling[J/OL]. J. Vis., 2019, 22(5): 955-971.

[75] 张斌, 李立勋, 董书琴. 基于改进 SOINN 算法的恶意软件增量检测方法[J]. 网络与信息安全学报, 2019, 5(6): 21-30.

[76] LIU F. Soinn python[EB/OL].